中文排列方式析論

司 琦 著

東大圖書公司 印行

國立中央圖書館出版品預行編目資料

中文排列方式析論／司琦著.--初版.
--臺北市：東大出版;三民總經銷,
民81
面；　公分.--(滄海叢刊)
參考書目;面
含索引
ISBN 957-19-1401-0（精裝）
ISBN 957-19-1402-9（平裝）

1.排版

477.22　　　81001809

著　者　司　琦
發行人　劉仲文
出版者　東大圖書股份有限公司
總經銷　三民書局股份有限公司
印刷所　東大圖書股份有限公司
地址／臺北市重慶南路一段
六十一號二樓
郵撥／〇一〇七一七五——〇號
初　版　中華民國八十一年五月
編　號　E 80081
基本定價　叁元壹角壹分
行政院新聞局登記證局版臺業字第〇一九七號

ISBN 957-19-1402-9（平裝）

序言

祝基瀅

近年來國內報紙版面文字和標題的排列方式起了重要的變化，除了傳統的直排式外，另外也有好幾家報紙，大膽採用橫排方式，與英文報紙幾乎沒有什麼差異，令人覺得十分新鮮。

直排式和橫排式的報紙各自擁有相當多的讀者群。此一現象說明了中文排列方式已突破了傳統直排式的絕對優勢，在可以預見的將來，我們預測直排式與橫排式的報章雜誌乃至於書籍、廣告、看板將展開更激烈的市場競爭，顯示民主社會自由競爭的特質，這是必然發展的趨勢。

中文排列方式起了多樣化的變化，使書寫者、編輯者有更多自由發揮的空間，讀者有更多自由閱讀選擇的機會，當然是件好事。不過也有的人不盡以為然，這些人强調，我們是中國人，一向看慣、寫慣以直排為主的書寫方式，如果全部改為橫排，實在心理上一下子不太能接受。這就好像一日三餐要由原來的中餐改為西餐一樣，有些適應上的困難。這是中文從直排到橫排衍生的問題之一。

再進一步，如果橫排，那麼應該由右而左？還是由左而右？這個問題的爭議性更大、更激烈。論戰雙方都能舉出一大堆的理由支持自己的主張，聚訟紛紜，莫衷一是。苦的是讀者，有時要從左向右看，有時要從右向左看，真是「左右為難」，不知如何是好。這是中文橫排衍生的問題之二。

中文書寫排列方式是經過國人數千年的使用而後逐漸「約定俗成」，成為相當固定性的模式，所以任何改變，用漸進方式似乎較為適宜。古人常說：「事緩則圓」，就是這個道理。至少，在討論到中文排列方式的改變問題時，如能在歷史文化的觀照點上，注意研究傳統中文的排列方式是否合理，使用方法是否方便，實用價值高不高，以及讀者閱讀習慣符不符合，書寫及閱讀速度快不快，詳細研究，不必急於一時，或可由時間來解決此一棘手的問題。

司琦教授這本《中文排列方式析論》學術著作，針對上述困擾國人多時的中文排列問題，廣泛搜集資料，以客觀的態度，比較分析的方法，詳加討論，最後作成結論，提出：「中則中，西則西」和「主為主，輔為輔」的兩個原則；並參酌三個有關因素—合與分、寫與看、漸與突的參考要點，作為解決問題的處理建議，看法可說是相當持平、公允。我們相信，這本著作的問世將對中文排列方式的合理化作出重要貢獻，謹在此獻上我的敬意。

中文排列方式析論　目次

圖表目次

壹　前言

中文排列方式是理論的也是實際的問題，並且涉及到民族文化，很早便有人注意到❶。近年來報刊上曾熱烈討論過；直至目前，仍然甚至可能是更爲複雜的問題。

世界上的文字，在排列上約可分爲三個基本方式：中文直排，英文是由左而右（右行）橫排，阿拉伯文（波斯文是阿拉伯文一系，爲伊朗、阿富汗等回教國家通用）是由右而左（左行）橫排。這三種文字的不同應用，乃由於文字是歷史的產物。文字和民族的歷史文化密切連結在一起，經過逐漸演進而來。民國五十三年春，印度新德里舉行古

❶ 參見本書〈綜合觀察〉中學術研究部分。

籍展覽❷，由首相甘地夫人揭幕。因印度曾被回教國家征服並統治，展品中有阿拉伯文的古籍，採中書版式，裝訂在右，開頁在左，其文字雖爲拼音字，但爲由右而左橫排，和英文相反。後來友人送我一本科威特教育部所編印的《科威特特殊教育》（一九六三——一九六四），阿英對照，其封面、底面、例頁及其說明（阿文和英文對照）如下頁。顯然，該小册封面爲阿文、底面爲英文；例頁的說明中，阿文左行，英文右行。阿文和英文均爲拼音文字，阿文由左行改爲右行似甚容易，但阿文爲凝聚回教世界共識的共同文字，而非一般器物工具所能輕易變動。

中文爲中國先民所創用，有悠久的歷史，有寶貴的經典，更有別於拼音的英文和阿文不同的特質——方塊字，易於直排或橫排。

中文的排列方式，自英文逐漸廣爲應用以後，隨之也被重視，歸納起來約可分爲三個問題。

一、中文既可直排，亦可橫排；直排方式與橫排方式何者爲優？

---

❷ 當時著者在教育部服務，奉派赴印度首都新德里參加「聯合國教育科學文化組織」(UNESCO)的「亞洲區義務教育延長研習會」期間，參觀該次印度古籍展覽。

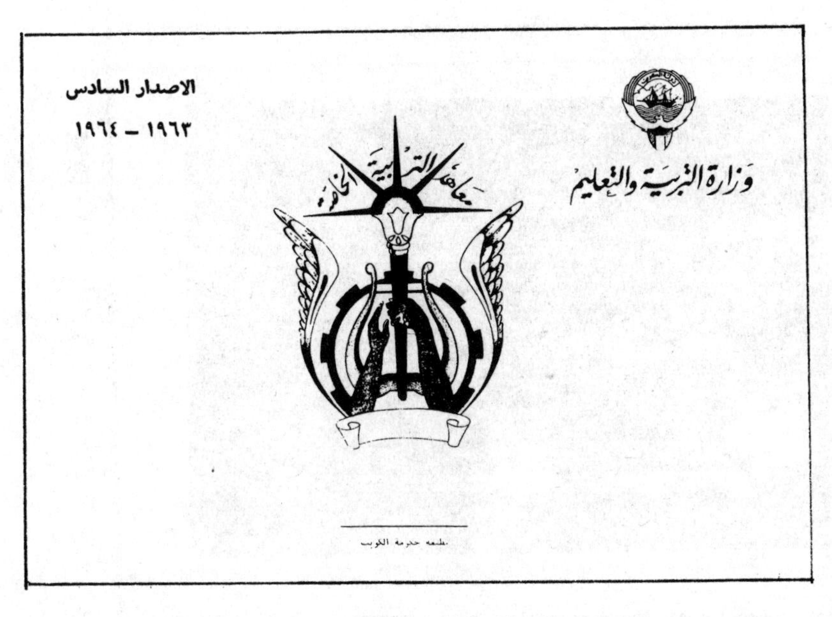

STATE OF KUWAIT
MINISTRY OF EDUCATION

INSTITUTES
OF
SPECIAL EDUCATION
1963 - 1964

Kuwait Govt. Printing Press

圖壹・一：《科威特特殊教育》封面及封底（原爲彩圖）

圖壹・二：《科威特特殊教育》例頁及其說明

احدطلبة السنة الثالثة الابتدائية في معهد الأمل للصم والبكم في احدى الحصص

The third elementary class of the deaf and dumb Institute at a period.

二、中文如採直排方式，自第二行起宜左行（順着第一行左側排列），即傳統方式？抑自第二行起右行，與左行相反？

三、中文如採直排方式，自第二行起左行？其標題採橫排方式；標題宜左行，與行次的方向一致？抑標題宜右行，堅守凡橫排均一律由左至右？

世界上的文字，其排列大體可分爲左行如阿拉伯文，右行如英文，下行如中國文字三種，前已略述。由於中文非拼音文字，且成方形，傳統上採用下行。因其能左行亦能右行，故有左右爲難等問題。本書先敍述中文排列方式問題的〈分歧意見〉；加以〈綜合觀察〉，包含「中文衍變」、「學術研究」及「法令規定」三部分；再作〈問題分析〉，最後提出拙見。

貳　分歧意見

報章雜誌對於中文排列方式，意見原是錯綜複雜的，尤其是中文橫排採左行或右行方面的意見頗爲分歧。但爲便於說明，姑分爲保守的，也就是着重歷史傳統的意見；革新的，也就是符合實際需要的意見；和務實的，也就是調和歷史傳統和實際需要的折衷意見。分述如下：

一、保守的意見

中文排列方式採取保守態度者頗多。茲以方瑞氏的〈中國文字的排列研究——對傳統方式要有新的認識〉一文❶爲例。該文開始便說：「首先我們每個中國人應該認識的是：中國文字的自右向左橫式排列是代表謙恭美德，不可輕言廢除。」然後敍述中文的特色，再次說明中文直書由上而下和行次由右而左，是受古代用刀筆的影響。該文強調中文由右而左是受禮儀的影響，指出：「周公制禮樂定大儀，儒家重倫理分尊卑，連日常生活上之坐立位置也非常注意，所謂上位卽尊客之位。《禮記》：君臣上下父子兄弟非禮不定。」中國人謙恭禮讓，尊老敬賢是數千年來的美德，在世界上號稱禮儀之邦，

---

❶ 方瑞著〈中國文字的排列研究——對傳統方式要有新的認識〉，載於民國六十七年三月三十日《自立晚報》。

是在日常生活的表現，並非虛僞的口號。在生理的動作上，任何字的首筆既然都是自左而右，自上而下；但是爲什麼直行也好，橫行也好，反而自右向左排列呢？歷代的古聖先賢，書藝大家，爲何永遠錯誤？難道他們都膽怯低能？或不敢提出改革？兩千多年來始終保持直行自右而左，橫行也如此，到底原因何在？在位置的排列上，左邊是大位，宴客的中式坐位，左邊是首席。譬如匾額掛在門上就成了左邊是大位，面向匾額就成了自右向左，與匾額同一方向則稱謂在左是上位，署名落款在右是下位。君主時代的君臣關係更不能馬虎，所以古代的奏章、議帖、劄記、論則等都是直行，由右向左依次排列，中國的信函（尺牘）格式也都自右上方開始，自己署名在左下方。（便箋、簽條、收據同此）依此寫法，對上級是尊重，對朋友是客氣；可惜一般激進分子不去深入研究，硬說中文自右向左排列是落伍、不合理，非取消不可，豈非過分武斷？至少，中文自右向左是一種謙恭美德，如今非把這種良好的習慣廢除，一定要依照外國寫法自左向右，不知居心何在？任何政治力量是無法改變民間的優良傳統習慣，除非是有害的習俗（如纏足及男人留辮子等）。因此方氏認爲要談文字排列的問題，先要認淸立場，更要把握原則。他認爲：「既然在生理上寫字是從左開始，而中國字自古迄今皆直行向左排列，橫行也自右往左，成了傳統的習慣必然有它非如此不可的因素。維護優良傳統，愛惜良好習慣，並不算是一種過錯。難道中國人在文字上表現的謙恭和美學，也非取消不可嗎？」從傳統禮儀的觀點，反對中文橫行和橫寫由左而右的方式。

除以上方氏以中國傳統禮儀爲觀點，解釋中文書寫和橫排左行的緣由外，其他學者的意見歸納爲以下三項：

㈠我國文化源遠流長，博大精深。數千年來，歷代聖哲所流傳下來的經典，是民族文化極寶貴的資產。這些經典的排法都是直排，行次由右而左。如果我們否定了中文排列的傳統方式，將使我們的子孫難於傳承並光耀先聖先賢所留下的文化資產。

㈡閱讀的習慣是經過長時期的累積所養成。古籍和小說等圖書都是直書左行，名勝古蹟的匾額上題詞都是由右而左。我國這種寫法可能是由於先民用刀在竹片上刻字。由上向下刻，刻好後推向右上方，然後在竹片上打孔，用繩子串起成爲竹簡，以便閱讀。數千年來，祖先約定俗成的閱讀習慣，豈是政府一紙命令所能改變？

㈢中文圖書的版式（中書版式）和西文圖書的版式（西書版式）的不同之處：中文直排，行次（行列的次序）由右而左；西文排列由左而右（指英文，阿拉伯文由右而

圖貳・一・一：規定中文書寫方式之報導

中文書寫排印 方式統一規定
直式自右而左 橫式自左而右
單獨橫寫國號機關名稱必須自右而左
行政院昨天院會核定自七月一日實施

【台北訊】行政院昨天院會核定，自七月一日起，中文書寫及排印方式將統一規定：直式是「自右而左」，橫式除特定項目外，一律「自左而右」。

教育部曾先後多次會同內政部、經濟部、交通部、新聞局、省市政府等機關研議，修訂完成下列三項新規定，經報行政院核定：

①中文書寫及排印以直行為原則，一律自上而下，自右而左。

②中文橫式書寫及排印，自左而右。但單獨橫寫「國號」、「機關名稱」、「國幣」、「郵票」、「匾額」、「石碑」、「牌坊」、「書畫題字」及「工商行號招牌」等，必須自右至左；交通工具兩側中文橫寫，自頭部至後尾順序書寫。

③同一版面有橫，直兩種排列方式時，橫式自左而右。

教育部長朱匯森昨天指出，中文書寫及排印新規定的基本精神，在維護我國文化傳統與因應時代實際需要，即以保持中文「傳統方式」為主，適度調整中文橫式自左而右，以適應一並顧，而作靈活的實際需要，使其兼容一運用。

左〉，行次由上而下，應任由其各行其是，不必強制改變。

中書版式的橫標題如由左而右，便成爲行次左行，標題右行；一左一右，易使視覺混亂。民國七十九年七月二十五日教育部公布，次日《中央日報》所刊〈中文書寫及排印方式統一規定、直式自右而左，橫式自左而右〉的報導，標題分爲二列由右而左橫排；並非「橫式自左而右」。如將該報導的標題改爲由左而右，與行列次序相反，自與一般人的閱讀習慣不合。

我國是一個文化古國，門戶開放以來，既要維護固有文化；又要接受西方科學技術，因此「中體西用」的思想廣被接受，但中西思想的衝突也難避免，中書版式和西書版式的中文排列方式問題因而發生。自大陸採取中文「橫行左起」的政策，使臺灣維護中華傳統文化學者引以爲憂，敦促政府一再以行政命令規定中文固有的排列方式。

二、革新的意見

我國圖書自古以來向採中書版式，通常文字排列由上而下，從右而左，逐字逐行直排。讀者由上向下看，然後目光左移再看另一行。清朝末年，我國實施新教育，被稱爲「蟹行文字」的英文列入學校教學科目後，應用漸廣。看英文須由左向右橫看，然後目光下移再看另一行，其閱讀方法和閱讀中文不同。英文爲拼音文字，每字長短不一，通常爲橫排，但用在招牌上偶有直排；因其爲非方塊字，不易改爲由右而左，自無文字排列問題。我國文字採用中書版式者，自應依傳統方式；至於科學及學術性書刊含有較多英文及統計圖表採用西書版式，亦鮮有不同意見。主要問題在匾額、招牌及中書版式書刊，如標題橫排，文字採用左行抑右行的排法。論者意見可分爲兩種：一是保持傳統，一律採由右向左的排法，前已敍述；一是依循西法，一律採由左向右的排法，贊成者甚多。藺燮氏發表〈中國文字橫寫方向的商榷〉一文❷列舉中文橫寫應由左至右的意見，介紹如下：

第一項意見是從中文筆順着眼，認爲「中國文字的結構、筆畫繁簡不一，但寫起來卻有一定的法則；不論單體字或合成字，其直筆由上而下，橫筆則由左而右。以文字之整體而論，任何一字皆由左或上方開始，而至右或下方終結，可以說幾無例外。因此，在橫寫之時，字體排列之方向自然應該與手部由左到右之機械運動相一致，如此不僅寫起來可使前後字之首尾相接，得心應手，毋須考慮與下一字應留之間隔，更可以避免自右向左寫時筆尖反覆移動，徒勞無益之動作。如果每一字體佔有一公分之寬度，則自右向左寫時，每寫完一字，筆尖卽須向左作一公分以上之反向運動。自左向右則可省去這一公分的移動距離。如果寫上一萬個字，手部所節省的運動距離之總和已達百米之遙。」中文以直寫爲尙，行書、草書尤須直寫；如果橫寫，右行確較左行省力。

第二項意見是從寫字過程着眼，認爲：「國人寫字，傳統習用毛筆，卽以今日普遍使用的鋼筆或原子筆而論，每寫完一字決非立卽可以乾燥的；而除極少數人之外，絕大

---

❷ 藺燮著〈中國文字橫寫方向的商榷〉，載於民國六十四年四月六日《中央日報》副刊。

多數皆用右手寫字，因此若自右向左寫過去，則剛剛寫成的清秀文字，墨水未乾已被右手腕擦過弄得面目全非了。如果自左向右寫，則每一個字寫完後都有被紙張吸收、充分乾燥的時間，永無弄髒的顧慮。幼時每逢過年，見大人們寫對聯橫披的時候，如果所寫的是『鳥語花香』四字，他們必定是從左邊起先寫『香』字，再向右寫『花語鳥』三字。這已充分說明他們早已感到自右向左寫的不便與由左向右寫的實際需要了，但誰又想到要甘冒大不韙去和傳統挑戰呢！」中文直寫，行次左行，閱讀時須由右向左成為原則。爲維持左行原則，「鳥語花香」四字，「鳥」字在右，「香」字在左。此一現象，有人視爲「一字一行」，符合行次左行的原則。

第三項和第二項意見有關，原文爲：「寫字既用右手，則自右向左寫恰恰遮蔽視線，由左向右則一目了然。」確爲中文横寫由右而左的缺點。

第四項意見爲中文夾用阿拉伯數字問題：「中文之數字由於結構上之缺陷，大寫之壹貳叁肆伍陸柒捌玖拾筆劃太繁，更不便用於計算；而小寫之一二三四五六七八九十又易混淆和篡改，在會計和數學各方面沒有應用之價值，故全國久已習用世界性的阿拉伯數字（12345678910），而此等數字必須從左向右寫。因此數學書籍之中文字無不順應其一致之方向由左向右；不僅如此，他如理化、樂譜，學生之筆記、日記，甚至我們每一個人口袋裏的小記事簿亦無不由左向右寫去而從無不方便的感覺。這已足以說明中文字之由左向右，乃是合情合理的方式。」我國古代的數字一至十寫為〡〢〣〤〥〦〧〨〩十，筆順也為由左而右。

最後一項，也就是第五項意見，是中文夾用外文及年代問題：「近代科學突飛猛進，世界人類交往日漸密切，中西文化之交流更是與日俱增，在眾多翻譯之書刊中，需夾註原文及年代之處甚多。為求方向一致易於閱讀，故翻譯之書刊除直排者外亦皆自左而右排列。如果硬要自右而左，那將成什麼樣子？反之，試看中文書刊中插圖之文字說明往往顛三倒四，使讀者飽受『文字障』的折磨。再看大街小巷的商店招牌，店名自右至左，電話號碼和英文由左向右，甚至在同一行字中夾雜英文字母和數字，而往復幾次才能唸得下去，這更是不堪入目了。再者，凡是統計性的圖表中文字皆一律由左向右，政府曾有規定；而今卻也有把上面的大標題由右而左，把圖表本身資料由左而右。」本項指出中文排列方式的核心問題。因中文為方塊字，依傳統直排，但也可向左或向右橫排。但英文和阿拉伯數字通常由左向右橫排。英文中夾有中文不成問題；而中文中橫排

圖貳・二・一：左右逢源的市區招牌

可左行或右行，並有時須夾有英文和阿拉伯數字，中文的排列方式就成爲問題。例如：報載：「左右逢源的市區招牌」❸，「富泰食品行」左行，「永安大飯店」右行，「華湘餐廳」又左行，集中在一起，看來眞使人有眼花撩亂之感。

因而藺氏認爲「凡此皆足以說明自左而右乃順天應人，寫起來文從字順，有百利而無一害，而爲大眾所須的完美排列方式；而自右向左不過是傳統的積習與形式上存在的方式而已。」主張中文排列由左至右的論著頗多，藺燮氏的敍述較爲精要，故以爲例。

除藺氏所舉五點意見外，有人認爲：人的雙目是平行並列的，左右的視野較廣，上下的視野較狹，牽動眼球左右移動的肌肉較牽動上下移動者爲強；再就文字橫排而言，從左而右轉動較從右而左自然省力，反之容易疲勞。又有人認爲，常人右手較左手靈活，大多數人用右手寫字、繪畫和體操時，如做平行的動作，以由左而右居多，因而主張中文橫寫應由左而右。

❸　包承平攝「左右逢源的市區招牌」，取自民國六十九年六月十八日《中國時報》。

三、務實的意見

中文橫排，保守者主張一律由右而左，也就是左行；革新者主張一律由左而右，也就是右行。務實者認爲橫排左行或右行，宜視情況處理，不必作硬性的規定。舉例來說：插圖貳·一·一：規定中文書寫方式之報導，如標題依革新者的意見改爲由左而右，而與敍述部分行次由右而左相反，便失去視覺的統一性。插圖貳·三·一：「交通工具的中文橫寫」。因車在行駛中，先見車頭，後見車身。所以教育部規定❹「臺北市公共汽車」七字，都是由車頭開始，而有車的一側右行，而另一側左行，便是爲了符合務實的要求。

❹ 該規定係由教育部於民國六十九年七月二十五日公布。

圖貳・三・一：交通工具兩側中文橫寫示例

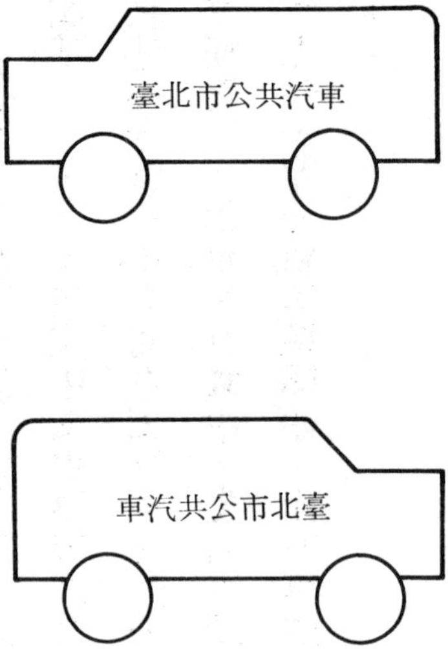

臺北市公共汽車

車汽共公市北臺

保守者和革新者對於中文排列方式問題常以嚴肅或譏評的態度申述其宏論。慰慈氏的〈左右逢源〉方塊❺，以樂觀積極的態度敍述中文的適應性和優異性。全文如下：

中國的文字，簡直是魔術方塊。不祇是左右逢源，而且是上下咸宜；不祇是上下咸宜，而且循環可誦。這是人類自有史以來獨一無二

❺ 慰慈著〈左右逢源〉，載於民國七十一年一月四日《中央日報》副刊。

的奇蹟。葉公超先生為士林的幸福牌水泥公司題招牌，公司恰巧位於文林路與福國路的角落。自文林路看，字由右至左；但自福國路看，因須配合英文，便是自左而右。葉氏的落款在右行與左行的交界處，則是自上而下，在同一水平上，表現了三種款式。

中國官衙寺觀的楹聯，倘使在兩行以上，上聯是由右至左，下聯便是由左至右，這是數千年來的老規矩。至於橫額，據丁德先的記述，如北平的「燕京大學」，山西晉祠的「民生潤澤」，陝西的「西安碑林」，敦煌的「石室寶藏」和背面的「三危攬勝」諸處橫額也都是由左至右。這些老古董，倘若沒有人記下來，又不免令人少見多怪。唐代的錢幣，所鑄的字是先左後右；至於唐代流傳下來的由左至右讀的直行碑帖，據最近《中央日報》所刊文章舉出的例子更不在少數。雖然是一些珍罕事例，但却都為歷史所留下來的古人遺跡。明末清初大畫家石濤《杜甫詩意册》，其三行題辭由左向右讀係「好向明時薦遺逸，莫教千古序靈均。」語譯其意就是「趕快向天子推薦山林隱逸賢士，莫要讓他們悲時傷世，自沈汨羅江，而讓後世悲悼。」不幸日本學人循慣例自右向左讀而加以曲解，使莫名其妙的文字，污損了册卷。此外清初名士鄭板橋題竹：「雷停雨止斜陽出，一片新篁旋剪裁；影落碧紗窗子上，便拈豪素寫將來。二十年來載酒瓶，春風倚醉竹南亭；西冷再種揚州竹，依舊淮南一片青。」（題竹參見圖叁・一・一：「鄭板橋自左至右書法」——史紫忱文揷圖）又近代徐悲鴻畫馬題詩：「向汝健足果何用？為覓生芻盡日馳。」上述石濤、鄭板橋以及徐悲鴻直行而由左至右的題辭，實不止一幅。他們無非是為畫面的經營而如此布局。直行由右至左，同時也由左至右，不僅以楹聯為例，遠溯至最古代的甲骨文，就是如此。

環繞着宜興茶壺的五個字便有「以清心也可」、「清心也可以」、「心也可以清」、「也可以清心」、「可以清心也」等五種讀法，雖然是珍罕，但也是一例。

詩之循環成誦者，謂之迴文。《文心雕龍》也稱其為一體，封淑英〈賞梅〉七絕：「貞堅玉骨傲凌霜，艷吐紅梅冷送香；輕撥火爐圍賞雪，傾樽一醉欲飛觴」。倒讀之「觴飛欲醉一樽傾，雪賞圍爐火撥輕；香送冷梅紅吐艷，霜凌傲骨玉堅貞」。

可見中國文字，是左右逢源，上下咸宜，循環可誦。

務實者認爲，對於中文排列方式，應既尊重歷史傳統，也應顧及實際需要，但不完全接受保守者或革新者的意見。中文具有多樣性及獨特性，任何呆板或極端的規定，終將窒礙難行。

中文排列方式問題，持有保守態度者的意見，多爲語文學者受其深厚中文衍變知識的影響；持有革新態度者的意見，多爲熟語外文或關注學習生理或心理問題而持有學術研究態度；務實者認爲語文爲表達情意的工具，但非普通用品；有其歷史文化背景，應依用者習慣，宜採「事緩則圓」的態度，不走極端。教育部歷次公布的規定，其基本精神均屬如此。

叁 綜合觀察

中文排列方式爲近百年來語文教育上漸被重視並爭論不休的問題。首先試從中文衍變、學術研究和法令規定三方面作綜合的觀察，俾對中文發展的軌迹、專家學術研究的成果以及教育行政機關的規定作概要的敍述。

一、中文衍變

英文橫排右行，阿拉伯文橫排左行，而中文直排下行。中文爲何直排下行？李孝定氏所著《漢字史話》一書[1]認爲是由於中文的行款講求勻稱，有以下敍述：

我國文字從甲骨文開始，便以直寫下行，然後左行為定式；至於《卜辭》中也有右行或左右橫行之例，但這是為了適應卜兆的特殊寫法，當時的紀事文字並不如此。旣然文字是直寫下行，文字的書法自然不能太寬，於是動物象形字，都已改為直寫；不能太長，於是兩體組合的字，多取左右對稱。它如上下對稱，內外配合等文字偏旁位置

[1] 見李孝定著《漢字史話》一書，第六十頁，聯經出版社出版。

的經營，完全着眼結體的整齊方正和行款的勻稱；愈是晚出的書體，這種趨向愈是明顯。這種形體美，是漢字獨有的特質。這種特質一旦達成，文字也就趨於大致定型了。

中文爲象形文字。動物的象形字體宜成橫寫狀，爲何改爲直寫？同書❷有以下說明：

這種現象多見於動物象形字，而且也比較少見，最原始的動物象形字體應橫寫，足向下背向上，這是動物的自然生態。但橫寫多較寬，在中國文字直行的行款中顯得礙眼，後來在整齊劃一的要求下都變成直寫了。甲骨金文裏的動物象形字絕大多數已是直寫，但有少數仍作橫書，如甲骨文鹿作[illegible]亦作[illegible]；（鹿屬字多橫寫，直寫者

❷ 同前，第五十七頁。

少見，為動物象形字之例外。）兔作 □，亦作 □；虎字作 □，□，亦作 □ 之類。……他如紀數字一二三四五作 一 二 三 亖 㐅，亦作 一 二 三 亖 㐅 之類是。不過在古文字中也有橫寫直寫成為二字的，如山作 □，直寫作 □ 便成了阜字；丘作 □，直寫作 □ 便成了𠂤字；這是文字孳乳的結果，是一種進化的現象，與早期的橫直無別，又不可一概而論了。

依前所引，指出中文直寫下行的由來。至於寫好一（直）行，第二（直）行起應向左（傳統寫法），抑應向右（與傳統相反）排列？方瑞著〈中國文字的排列研究——對傳統排列方式要有新的認識〉一文❸認為是受了儒家禮儀的影響。在〈分歧意見〉中「保守的意見」部分已介紹。蘇瑩輝著〈為中文自右而左、直行書寫進言〉❹文中認為：

---

❸ 方瑞著：〈中國文字的排列研究——對傳統排列方式要有新的認識〉，載於民國六十七年三月三十日《自立晚報》第四版。

❹ 見蘇瑩輝著〈為中文自右而左、直行書寫進言〉，載於民國七十年十月十九日《中央日報》副刊。

「解答這項（中文直寫左行）問題，又要追溯到先秦、兩漢時期用以書寫的材料上去。十多年前，芝加哥大學教授兼東方圖書館館長錢存訓博士，在他用英文撰寫的《書於竹帛》(*Written on Bamboo and Silk*) 一書(其中文修訂本由周寧森博士翻譯，名爲《中國古代書史》一九七五年在香港出版）中，曾以專頁討論中國文字書寫順序的問題。他認爲中文書寫從右到左的排列，大概是因爲用左手執簡，右手書寫的習慣，便於將寫字的簡册順序置於右側，由遠而近，因此形成由右到左的習慣。錢氏的推論，是很確切的！筆者於此，要特別強調的是：我國在秦皇一統天下以前，燕、趙、韓、魏、齊、楚六國的文字雖未統一，但其直行向下，自右而左的書寫或鑄刻（施於彝銘者）方式，並無二致，這些在現存的列國文字（如金文、竹簡、帛書、璽印以及刀、布、陶文等）中得到證實。」

此一從古人用刀刻竹簡及將刻好的竹簡排爲簡册的敍述，以解釋直書下行，及第二行起左行的說法頗有道理。

書法家史紫忱氏著〈鄭板橋自左至右書法〉❺文中對於此一問題另有簡明的看法：

---

❺ 史紫忱著〈鄭板橋自左至右書法〉，載於民國六十六年十月號《文藝復興》第八十六期。

中華書法，除甲骨文的對貞或迴文詩的變幻外，無論橫行直行，均以自右至左為原則。書法自右至左的原因，可能為：(1)我們的傳統，左尊右卑，尊先卑後，所以書法由右而左。(2)祖先刻鑿文字時，右手持工具，左手按捺之（如甲骨片），自右向左，乃生理本能和物理反應的結果。(3)中華文字構造，第一筆雖多從左起，而間架步驟則多由上而下，是以有自上迄下的直行。我們的文字史與書法史，尚未發現文字橫直書寫的學理討論。梁僧佑在《出三藏記集》內稱：「造書者，長名曰梵，其書右行。次佉樓，其書左行。（紫忱注：梵、佉皆指古印度的造書者）少者倉頡，其書下行。」這個說法渺不可考，但可知中華書法下行，由來已久。近來有人倡導華文橫書，自左而右，對一般書法影響不大；惟於草書藝術，以歷史的遺傳因素，創作者及欣賞者均非短時間所能適應。茲選鄭板橋的由左而右直行題畫書法一件，用窺揚州八怪之一的「六分半書」，其創新之境界為何如耶？

圖叁・一・一：鄭板橋自左至右書法

中文從「圖畫」到「定型」，從「分歧」到「統一」的變化，經過漫長的歲月。史氏文中對這一方面，有以下的說明❻：

我國文字源於圖畫，因此早期的文字不定型的原因是：卽令是寫生畫，也因採取的角度不同，而產生不同的畫面，所謂「畫成其物，隨體詰詘」的象形文字，自然便具有了圖畫的特徵。不過圖畫是寫實的，求其畢肖；文字是寫意的，求其便利，達意已足；於是繁複的圖畫，到後來都變成了抽象的線條所組成的文字。這種形體的抽象化，是文字最早期的衍變過程，我們稱之曰「文字化」過程。

我國文字之不定型經過一段很長的時期，據研究：「到了戰國，由於社會、政治等方面的急劇變化，文字的形體尤顯混亂；於是物極必反，產生了李斯等所倡導的文字統一運動，取史籀大篆，或略省改

❻ 同注❺，第五十四頁。

而有小篆；民間流俗日用的簡俗別異之體，也由程邈整理正定而有隸書，中國文字至此才算趨於大致定型。但是這種大致定型的結果，却絕非李斯數人之力所能達致；其主因仍是由於約定俗成。」

中國的方塊字，因其成方形，在排列上便可多變化，所以被認爲具有「左右逢源，上下咸宜，循環可誦」❼的特質，因此被稱爲「魔術方塊」。（參見〈分歧意見〉中務實的意見部分。）中文具有靈活應用的特質，但難符合如英文和阿文一律橫排，英文右行，阿文左行易於統一的要求。也正因如此，中文排列成爲棘手的問題。

二、學術研究

我國文字的結構和英文不同，每字所佔的位置相同，均爲方形，可直排，也可橫

❼ 見慰慈著：〈左右逢源〉，載於民國七十一年一月四日《中央日報》副刊。

排。因此中文排列因西方蟹行文字的傳入而漸生問題。我國研究中文排列問題的專家杜佐周教授[8]著有〈橫行排列與直行排列之研究〉一文[9]中，介紹美國黑哀（Huey）所著的《讀法心理及教學法》（*Psychology and Pedagogy of Reading*）一書，對於讀法的研究，在歐洲是巴黎大學的教授若佛爾（Javal），首先研究閱讀時眼動的情形。其中尤以雷梅（Lamare）、牢獨爾（Laudolt）、隊萊佩（Delabarre）、歐德門（Erdmann）、德傑（Dodge）、克德爾（Catell）、賀爾德（Holt）、堤厄暴（Dearborn）等的成績最著；其後有許多實驗，最有價值者其中當爲芝加哥大學教授傑得（Judd）、葛萊（Gray）、巴斯威爾（Buswell）等的研究。杜氏閱覽眾書，認爲蟹行文字差不多完全用橫行排列。該文介紹我國最初對此一方面的研究爲：一九一九年，在芝加哥大學有兩位中國留學生，執行一個實驗，叫做「閱讀中文及英文時眼動的觀察」（An Observation of Eye-Movements in Reading Chinese and English）。

---

[8] 民國三十年秋，著者進國立暨南大學教育系讀書時，杜佐周氏爲系主任，未久發表爲國立英士大學校長。

[9] 杜佐周著〈橫行排列與直行排列之研究〉一文，載於《教育雜誌》第十八卷，第十一、十二期，民國十五年十一、十二月出版。

他們的目的是比較閱讀橫行排列和直行排列的中文及英文（當然是橫行排列）時眼動的情形。實驗的結果爲：

㈠閱讀直行排列的中文（每秒鐘平均一三·三字），較閱讀英文（每秒鐘平均四·七字）幾乎快三倍。

㈡閱讀橫行排列的中文（每秒鐘平均九·九字），慢於閱讀直行排列的中文。

但以上結果，研究者認爲：「但是這個實驗的被試者，無論閱讀中文或英文，都是中國在美的留學生。他們閱讀本國的文字，自然要比閱讀別國的文字快。再者，這兩種文字性質不同的地方甚多，我們不能斷言這個實驗結果的差別，就是因爲橫直行排列不同的緣故。卽是單指中文而言，直行排列是一種老方法，每個被試者都已有很久的經驗。若是沒有別種方法，減去這種舊習慣的影響，而與閱讀橫行排列的新習慣的成績比較，亦必有許多不公平處。」惜該文未指出研究者，卽兩位中國留學生的姓名。

甲、杜佐周氏對於中文橫行排列及直行排列的研究

杜氏用「速示機方法」(tachistoscopic method) ⑩ 研究中文橫行排列和直行排列，共進行兩個實驗：1. 閱讀橫直行排列的中文時的識別距 (span of recognition)，和2.

---

⑩ 速示機 (tachistoscope) 形狀類似一個小木箱，平削其上邊右面的一角。角上有兩個方孔，孔外可置兩盞電燈：一以照示閱讀的材料，一以照示放置閱讀材料的背景。兩孔中間隔一薄木片，光線不能相通。孔內各有一片鏡子，利用鏡子的反光，才能照示閱讀的材料及背景。另有一個大紙輪，放置兩孔及電燈的中間，使在同一時間內，只有一孔可以接受光線。如右孔接受光線時，則被試者只見背景；如左孔接受光線時，則被試者可見閱讀的材料。紙輪放在留聲機器的底盤上，底盤側立，可以轉動自如。每一提示時間的長短，亦可隨意規定。速示機是裝置美國愛俄華大學 (State University of Iowa) 心理實驗室內。實驗時，除照示閱讀材料及背景的電燈外，並無別種光線。共有八個被試者，都是我國在美留學的學生。他們先後單獨受試，受試以前，主試者先說：「預備」；然後轉動紙輪。每一輪轉被試者可見閱讀的材料，只有二十五分之一秒鐘。每一段材料，如此繼續提示，至被試者記着全文而後止。他既記着全文，立刻說：「停」；然後默寫曾所閱讀的材料於紙上。若偶忘所記，亦不得重視原文。默寫完後，主試者易以第二段材料，方法如前，餘以類推。按試者認讀材料時，主試者默數每段材料所需輪轉的次數，而後記錄簿上。實驗完後，被試者並須報告他內省 (introspection) 所得關於這種實驗的意見。杜氏所以取這個時間爲單位者，因從一九二二年以後，所有在芝加哥大學讀法心理實驗室的研究，每個眼停均以二十五分之一秒鐘計算。

認記橫直行排列的幾何圖形時的識別距。分別介紹如下：

1. 杜佐周氏研究閱讀橫直行排列的中文時的識別距

閱讀時每一眼停 (a fixation of eye) 的時間甚短；杜氏用機械的方法，在固定很短的時間內提示閱讀的材料，專門研究閱讀時眼停的情形。同時且可確定在這很短提示 (Short exposure) 內，能認識多少材料，用以比較同樣材料異式排列及異樣材料同式排列的識別距之大小。若每一次提示可以認識較多的材料，則認識全部的材料，須要提示的次數，必可較少。如此，閱讀的速率必可較快。

這部分實驗所用的材料爲有意義的中文和無意義的中文兩種，均用橫直兩種方式排列。且各貼在厚紙板上，可以插入速示機中，橫直隨主試者的意思。無意義的材料共分四組：三個字的，四個字的，五個字的及六個字的。每組共有八段；四段是橫行排列，另四段是直行排列。有意義的材料分五組：四個字的，五個字的，六個字的，七個字的及八個字的。每組共有十段；五段用橫行排列，另五段用直行排列，其格式如下兩圖：

圖叁・二・甲・一：直行排列（圖形一）和橫行排列（圖形二）的格式

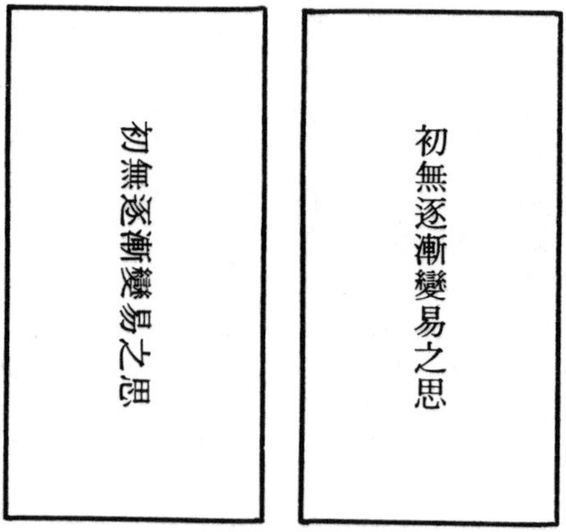

初無逐漸變易之思

初無逐漸變易之思

爲了欲免除練習的影響，橫直行排列的材料，交換提示於被試者。例如無意義的材料，先用四段直行排列的三個字，繼用四段橫行排列的三個字；然後再用四段直行排列的四個字，四段橫行排列的四個字等。有意義的材料，提示次序，適與上面相反。先用五段橫行排列的四個字，繼用五段直行排列的四個字；然後再用五段橫行排列的五個字，五段直行排列的五個字等。爲了比較更爲公允，又將八個被試者分爲兩組：一組先讀橫行，另一組先讀直行；所有無意義及有意義的材料，均是一次實驗完畢。其實此一實驗是分兩部分進行，但其結果合併討論。

這部分實驗的結果，可分爲速率及正確度（accuracy）兩種成績比較，求速率的方法，是用每組每種排列所需紙輪輪轉的次數，除去每組每種排列所有字的總數。如是，即得每一輪轉所能認記字的平均數。每一輪轉所能認記字的平均數愈大，就是識別距愈廣，速率愈快。速率的成績爲：

表叁・二・甲・二：用無意義的材料每一輪轉所認記字的平均數

組　　別	三個字的		四個字的		五個字的		六個字的	
被試者	橫行	直行	橫行	直行	橫行	直行	橫行	直行
A	.80	1.00	.94	.84	.95	.74	1.00	.63
B	.63	.57	.80	.76	.91	.80	.80	.92
C	1.09	1.00	1.07	.94	.87	1.05	1.00	1.25
D	.60	.80	.84	.61	.74	.80	.96	1.20
E	.80	.86	.84	.70	1.11	.71	1.00	.96
F	1.50	1.50	1.14	2.00	1.11	1.54	1.50	1.84
G	1.50	1.33	1.67	1.45	1.25	1.54	1.20	1.41
H	1.09	1.00	.66	1.07	1.05	1.05	.96	1.14
Mean	1.01	1.01	.99	1.05	.99	1.03	1.05	1.17
S.D.	.334	.275	.292	.436	.151	1.319	1.197	.338
P.E.m	.101	.081	.088	.131	.045	.096	.059	.102
Mv-Mh	0		.060		.040		.120	
P.E. diff.	.129		.158		.106		.118	
$\frac{\text{Mv-Mh}}{\text{P.E. diff.}}$	0		.380		.377		1.017	
Probability	0		60:40		60:40		75:25	

1. Mean＝平均數，縮寫爲M。S.D. 爲 standard deviation 的縮寫，＝均方差。P.E. 爲 probable error 的縮寫，＝機誤。V爲 vertical 的縮寫，＝直行的。h 爲 horizontal 的縮寫，＝橫行的。diff 爲 difference 的縮寫，＝差數。probability＝可能度；其所表示的差異比率，見雷葛(Rugg)的《教育統計學》附表四。
2. P.E. diff.＝$\sqrt{\text{P.E}^2.\text{mh} \div \text{P.E}^2.\text{mv}}$。

表叁·二·甲·三：用有意義的材料每一輪轉所認記字的平均數

組　　別	四個字的		五個字的		六個字的		七個字的		八個字的	
被試者	橫行	直行	橫行	直行	橫行	直行	橫行	直行	橫行	直行
A	1.33	1.25	1.25	1.56	1.36	1.50	1.21	1.25	1.21	1.11
B	1.18	1.25	1.25	1.25	1.50	1.30	1.21	1.21	1.33	1.43
C	1.11	1.25	1.14	1.19	1.25	1.30	1.21	1.21	1.33	1.43
D	1.33	1.25	1.19	1.14	1.43	1.50	1.17	1.46	1.25	1.29
E	1.00	1.11	1.19	1.19	1.36	1.88	1.35	1.25	1.29	1.25
F	2.86	2.50	2.08	2.78	1.58	3.75	1.59	2.19	1.60	2.00
G	1.54	1.82	1.67	1.79	1.63	1.67	1.59	1.75	1.49	1.74
H	1.43	1.33	1.14	1.19	1.25	1.58	1.35	1.75	1.18	1.33
Mean	1.47	1.47	1.36	1.51	1.42	1.81	1.33	1.50	1.32	1.42
S. D.	.542	.437	.304	.523	.133	.754	.160	.353	.135	.175
P. E. m	.165	.132	.091	.138	.040	.227	.048	.100	.041	.053
Mv Mh	0		.150		.390		.170		.100	
P. E. diff.	.210		.182		.230		.111		.067	
$\frac{\text{Mv Mh}}{\text{P. E. diff.}}$	0		.824		1.696		1.522		1.493	
Probability	0		71:29		87:13		85:15		84:16	

比較上面兩表，無論何組，無論用無意義的材料或有意義的材料，每一輪轉所認記的字，直行都多於橫行。爲什麼這些被試者閱讀直行排列的材料，快於閱讀橫行排列的材料？杜氏認爲：這或是因爲他們從前在國內所受教育，完全是用直行排列的材料，對於這種閱讀的方法，已養成習慣；並非因爲直行排列根本上好於橫行排列。

杜氏詳細分析上面兩表的結果，發現各人能力的差別，及個人先後的成績不同。因在這種很短的時間內，閱讀各種材料，稍有干擾、稍不注意或稍覺疲倦，就可影響成績的優劣。但實驗材料，橫直行排列的材料，都是交互提示；每個被試者，須分別閱讀兩種排列。且一半先讀橫行，一半先讀直行，比較總平均數，已無輕重之弊。所有每組橫直行相差的情形，彼此均相彷彿，其成績之可靠可知。雖每表下面所載的可能度所表示的差異比率甚微，（照統計原理，所有差異當有一與四之比，才能算得顯明可靠。）但這或是因爲被試者人數太少的緣故，並非成績缺乏可靠性。

看上面兩表，可以知道閱讀「有意義的材料」比閱讀「無意義的材料」快。換句話說，閱讀有意義的材料時的識別距比較閱讀無意義的材料時的識別距廣。因爲有意義的材料，數字合爲一組，閱讀時當做一個單位看待，所以速率快；至於無意義的材料，每字所代表的觀念，必須單獨認記，或用機械方法勉強為之聯絡而生意義；所以速率慢。

杜氏認為如就正確度的成績而論，這個實驗沒有得到確定的傾向：有時閱讀橫行的材料正確，有時閱讀直行的材料正確，有時兩種排列的成績一樣。實驗時若被試者自信對於所提示的材料已經認記無誤，則必已見材料的全部無疑。至於默寫時偶有錯誤，必是當時受遺忘的影響，或為另外觀念衝突所致。被試者內省所報告的材料，實可為這項論斷的證據。所以比較橫直行排列的不同，與其根據於正確度的成績，不如根據於速率的成績。可是用速示機認記各種材料，其正確度的成績，究竟怎樣？亦有研究的價值。

默寫所認記的材料的錯誤，分為六種：(1)完全錯誤（指一個字而言）；(2)部分錯誤，如字是而寫不完全，或音是而字非，或字非而意是等；(3)遺漏；(4)添加；(5)更換字的位置；(6)更換字的位置並附有部分的錯誤。第(2)和第(5)兩種錯誤，各扣半點，其餘各種錯誤，則各扣一點。為比較便利起見，所有成績都以百分法計算，分列兩表如下：

表叁・二・甲・四：認記無意義材料的正確度成績

組　　別	三個字的		四個字的		五個字的		六個字的	
被 試 者	橫行	直行	橫行	直行	橫行	直行	橫行	直行
A	100.0	100.0	100.0	100.0	100.0	100.0	100.0	95.8
B	100.0	100.0	100.0	100.0	90.0	100.0	100.0	91.7
C	100.0	91.7	93.8	93.8	95.0	80.0	100.0	83.3
D	100.0	100.0	100.0	100.0	95.0	100.0	100.0	100.0
E	100.0	100.0	100.0	96.9	100.0	95.0	100.0	91.7
F	100.0	100.0	100.0	100.0	90.0	100.0	100.0	100.0
G	91.7	100.0	93.8	100.0	100.0	100.0	95.8	100.0
H	100.0	100.0	100.0	100.0	100.0	100.0	95.8	100.0
Mean	99.0	99.0	98.4	98.8	96.2	96.9	98.9	95.3
S.D.	2.74	2.74	2.68	2.16	4.17	6.58	1.82	5.69
P.E.m	.870	.870	.807	.650	1.256	1.981	.548	1.713
Mv-Mh	0		.4		.7		-3.6	
P.E. diff.	1.230		1.036		2.346		1.799	
$\frac{\text{Mv-Mh}}{\text{P.E. diff.}}$	0		.386		.298		-2.001	
Probability	0		60:40		58:42		-90:10	

表叁·二·甲·五：認記有意義材料的正確度成績

組　別	四個字的		五個字的		六個字的		七個字的		八個字的	
被試者	橫行	直行	橫行	直行	橫行	直行	橫行	直行	橫行	直行
A	100.0	100.0	100.0	100.0	100.0	96.7	100.0	91.4	100.0	95.0
B	92.5	100.0	96.0	100.0	100.0	100.0	100.0	100.0	95.0	100.0
C	95.0	100.0	100.0	100.0	100.0	96.7	100.0	100.0	97.5	92.5
D	100.0	100.0	100.0	100.0	100.0	100.0	100.0	94.3	100.0	100.0
E	100.0	100.0	100.0	96.0	100.0	100.0	100.0	100.0	97.5	100.0
F	100.0	95.0	100.0	88.0	100.0	96.7	97.1	100.0	97.5	100.0
G	100.0	100.0	100.0	100.0	100.0	100.0	97.1	100.0	100.0	100.0
H	100.0	95.0	100.0	100.0	93.4	93.4	100.0	97.1	97.5	95.0
Mean	98.4	98.7	99.5	98.0	99.2	97.9	99.3	97.8	98.1	97.8
S. D.	2.78	2.17	1.32	4.00	2.18	2.30	1.26	3.12	1.65	2.92
P. E. m	.837	.655	.397	1.204	.656	.693	.379	.939	.497	.879
Mv-Mh	.3		-1.5		-1.3		-1.5		-.3	
P. E. diff	1.063		1.268		.954		1.013		1.010	
$\frac{\text{Mv-Mh}}{\text{P. E. diff.}}$	.282		-1.183		-1.363		-1.481		-.297	
Probability	57:43		-79:21		-82:18		-84:16		-58:42	

根據這個實驗的結果，尚有一個附帶問題可以研究，就是速率與正確度的相關度；可是因爲被試者的人數太少，而且正確度的成績參差不齊，因而故意從略。

關於閱讀中文材料的識別距，根據上面所報告的實驗成績，杜氏歸納爲下面四個結論：

1. 每一輪轉所認記直行排列的字，多於橫行排列的字。換言之，我國學生閱讀中文的識別距，直行排列的材料大於橫行排列的材料，可是這大抵是因為他們慣於閱讀直行的緣故。

2. 認記有意義的材料，快於認記無意義的材料；因為閱讀前者時，合多字為一組，觀念聯絡非常容易；閱讀後者時，一個字一個字各自分離，觀念聯絡比較困難。

3. 至於正確度的成績，則何種排列較為適宜？並沒有找到確定的傾向。

4. 他若材料長短的差別，對於認記的速率有何關係？則大抵較長的材料，平均比較要快，可是其差甚微，不能算為一定不易的結果。

2. 杜佐周氏研究認記橫直行排列的幾何圖形時的識別距

這部分實驗，是繼續前面一個實驗；乃欲補救其爲文字，被試者具有學習中文直行之經驗的缺點而進行。但實驗用的器具及方法，大致相同。這部分實驗採取幾何圖形爲材料，除原來八個被試者外，尚有三十個美國大學的學生及七十四個美國小學五、六、七三個年級的兒童都受過這個實驗。對於成人所用實驗的方法，完全與前一實驗相同。

受這部分實驗的兒童，都是愛俄華大學附屬實驗學校 (University Experimental Schools) 的學生。實驗以前，主試者先與各級教師商量接送兒童的方法；至實驗時，先送一人至大學本部心理實驗受試；完畢後，即回去。如是教師可送第二人前來，照此替換。當兒童回至教室時，主試者可待一、二分鐘休息，記錄實驗的情形或整理實驗的材料。

主試者對於被試者的態度，極其和藹可親，使兒童不至有畏懼不安之心。實驗開始以前，主試者給被試者試驗紙乙張，爲默寫所認記的材料用；並且叫他先填好姓名、年級、年齡、性別及實驗時日諸空白。塡寫完後，主試者口述下面一段實驗的「說明」。⑪若兒童完全懂得「說明」的意思，實驗卽行開始。實驗時，兒童不得發問或說話。主試者默數輪轉的次數：自被試者說「是」起，至他說「停」止，並記錄在簿上。實驗完後，每個兒童且需答應下列諸問題，由主試者筆記之，以備解釋成績時參考之用。

(1)你默寫這個測驗嗎？

(2)你用什麼方法，記憶這些幾何圖形？

(3)那一種排列你覺得比較容易？

(4)你過去眼睛有毛病嗎？

---

⑪ 這個測驗的材料，有兩種排列：一種是橫行的，另一種是直行的。最初有五段三個橫行排列的幾何圖形，或五段三個直行排列的幾何圖形，先後在這個機器裏面提示。（當時主試者手指指點速示機。）當我說：「預備」，你當注視機器裏面；愈注意愈好。你若已經預備，則答應：「是」。看裏面什麼圖形，如何排列，須一一記得明白。當你自覺已經記得明白，則立刻說：「停」，然後依次默寫所見的圖形在這張試驗紙上。（當時主試者以手指指着試驗紙。）

(5)你受訓時覺得疲倦嗎？

這部分實驗所用的材料，共有八個幾何圖形，任意排列爲六組：三個圖形的，四個圖形的，五個圖形的，六個圖形的，七個圖形的及八個圖形的。每組共有十段；五段是橫行排列，另五段是直行排列。每一段中，沒有兩個圖形是一樣。欲求兩種排列平均公允，各組一樣的圖形，有兩種排列：就是所有橫行排列的各段，亦用直行排列；所有直行排列的各段亦用橫行排列，下面兩圖，乃是這個實驗所用材料的格式。

圖叁・二・甲・六：直行排列（圖形三）和橫行排列（圖形四）的格式

△✱⊖×○+⊥

△✱⊖×○+⊥

三個圖形，四個圖形，五個圖形及六個圖形四組，無論成人的被試或兒童的被試，均當應用；至於七個圖形及八個圖形兩組，則專為成人的被試用。每一團體的被試者，又分為兩組：一組先認記橫行；另一組先認記直行，其方法與前一實驗一樣。

如同前一實驗相同，所得結果分為兩部分比較，就是速率及正確度，以每組每種排列輪轉次數的總和，除該組該種排列圖形數目的總和，即得速率成績。至於正確度成績，亦如前個實驗，分為六種錯誤計算：(1)完全錯誤；(2)部分錯誤，如圖形寫不完全，或上下顛倒，或用另外類似的圖形；(3)遺漏；(4)添加；(5)更換圖形的位置；(6)更換字的位置並附有部分錯誤。第(2)及第(5)兩種錯誤，各扣半點；第(1)、第(3)、第(4)及第(6)四種錯誤，各扣一點。其分數概用百分法計算。實驗的成績，分別表列如下：

表叄·二·甲·七：美國兒童每一輪轉認記幾何圖形的平均數

組別		三個圖形的		四個圖形的		五個圖形的		六個圖形的	
年級		橫行	直行	橫行	直行	橫行	直行	橫行	直行
五	Mean	.47	.45	.42	.41	.34	.34	.28	.26
	M. D.	.17	.12	.16	.17	.13	.14	.12	.11
六	Mean	.50	.49	.52	.45	.39	.37	.36	.35
	M. D.	.14	.17	.17	.15	.16	.13	.14	.16
七	Mean	.55	.54	.59	.55	.50	.45	.43	.41
	M. D.	.15	.13	.13	.12	.15	.12	.12	.12

M. D. 爲 Mean Deviation 的縮寫＝平均數差。

表叁·二·甲·八：橫行排列的速率成績的差異比率

（根據三年級兒童的成績）

組　　別	三個圖形的		四個圖形的		五個圖形的		六個圖形的	
排　　列	橫行	直行	橫行	直行	橫行	直行	橫行	直行
Mean	.507	.496	.513	.473	.413	.389	.358	.342
S. D.	.202	.183	.214	.194	.189	.174	.183	.184
P. E. m	.016	.014	.017	.015	.015	.014	.014	.014
Mh-Mv	.011		.040		.024		.016	
P. E. diff.	.021		.023		.020		.020	
$\frac{Mh\ Mv}{P.E.\ diff.}$	.524		1.739		1.200		.800	
Probability	64:36		88:12		79:21		71:29	

看上表兩種排列的差異比率，雖未達到統計學上所規定的顯明可靠的標準；但彼此完全一致，都偏優於橫行排列；故亦不可謂缺乏顯明可靠的表徵。這種偏優於橫行排列的傾向，無論美國及中國的成人被試者的成績，亦是一樣，詳見下面兩表：

表叁·二·甲·九：美國成人每一輪轉認記幾何圖形的平均數

組別	三個圖形的		四個圖形的		五個圖形的		六個圖形的		七個圖形的		八個圖形的	
排列	橫行	直行	橫行	直行	橫行	直行	橫行	直行	橫行	直行	橫行	直行
Mean	.80	.79	.80	.70	.65	.58	.54	.53	.43	.44	.37	.34
S. D.	.268	.289	.224	.274	.270	.252	.267	.262	.213	.242	.211	.198
P. E. m	.033	.035	.028	.034	.033	.032	.033	.032	.026	.030	.026	.024
Mh-Mv	.01		.10		.07		.01		-.01		.03	
P. E. diff.	.048		.043		.046		.046		.040		.035	
$\frac{\text{Mh-Mv}}{\text{P. E. diff.}}$	.208		2.326		1.522		.217		-.250		.857	
Probability	56:44		94:6		85:15		56:44		-57:43		72:28	

表叁·二·甲·一〇：中國成人每一輪轉認記幾何圖形的平均數

組別	三個圖形的		四個圖形的		五個圖形的		六個圖形的		七個圖形的		八個圖形的	
排列	橫行	直行	橫行	直行	橫行	直行	橫行	直行	橫行	直行	橫行	直行
Mean	.97	.93	.93	.90	.88	.83	.79	.79	.70	.72	.58	.56
S. D.	.259	.233	.176	.101	.252	.210	.259	.206	.261	.153	.213	.206
P. E. m	.078	.070	.053	.058	.076	.063	.078	.062	.079	.046	.064	.062
Mh-Mv	.04		.03		.05		0		-.02		.02	
P. E. diff.	.105		.078		.099		.100		.091		.089	
$\frac{\text{Mh-Mv}}{\text{P. E. diff.}}$	.389		.384		.505		0		-.220		.225	
Probability	60:40		60:40		63:37		0		-56:44		56:44	

由以上兩表可以知道，無論美國成人及中國成人，認記橫行排列的圖形，幾乎無論何組材料，均比直行排列的快；用這種材料實驗，被試者的記憶力，實是一種很重要的條件。至若每段的圖形加多，則需要記憶力愈大。如七個圖形及八個圖形的兩組，因爲受記憶困難的影響，橫直行排列的根本差異很難表露。那七個圖形一組，直行的成績好於橫行的成績，或就是因爲這個緣故。

上面兩表，各組各種排列的平均數的相差，並不甚大；同時平均數的機誤的差數，又不甚小。杜氏認爲就統計學的原理而論，這種差異的可能性原不能算是顯著的。可是被試者認記六組圖形，其中有五組（有百分之八十三強）都是橫行好於直行。中國的被試者雖有閱讀直行排列的中文的習慣，但此次成績幾與美國的被試者一樣，而與前一個實驗所得的結果相反；此一結果不是偶然的，這一實驗的材料，完全是無意義的。既不與中文相類，又不與英文相似；故無論中國的被試者有閱讀直行的習慣，美國的被試者有閱讀橫行的習慣，對於這個實驗的結果，都不發生若何的影響。所以可以斷定認記這種材料，橫行是比直行好。但是因爲什麼緣故呢？杜氏認爲：

讀法心理可分兩方面解釋：一為精神作用，一為生理作用。理解和記憶所閱讀的材料，大都是精神方面的作用。他若看見材料和傳達所看見的至神經中樞，這大都是生理方面的作用。前者可經練習而進步，至於後者則不能。中國的被試者有讀直行排列的中文之習慣，前個實驗用中文為材料，他們的成績，直行的都比橫行的好，這大部分是前者的關係。但當他們讀幾何圖形時，則這種習慣就沒有作用了。（美國的被試者亦是一樣）總言之，這部分實驗所用的材料，對於被試者既無習慣之可言；則精神方面的作用，對於橫直行排列，必無何種差異。今實驗所得的結果，橫行勝於直行者，大都是生理方面的關係。我們的視野（field of vision），橫面實大於縱面。巴孫士（G. H. Parsons）曾經說過：「如看一個白的東西，十釐見方（10 mm square），在純亮的光線底下，離開眼睛有四十五米特遠，則視野成一個橫列的橢圓形。向上可見五〇度高，向外可見九〇度遠，向內可見六〇度深，向下可見七〇度低。」橫行所見多於直行所見，乃是人類眼睛的天然構造使然的。再者，人類兩眼和他種動物一樣，都是東西並列，並非上下相疊。看見橫面排列的東西多於縱面排列的東西，亦是自然的道理。

雖閱讀時如普通觀察一樣，只有網膜(retina)上一點，普通叫做中央小窩(fovea)，能有很明瞭的印像。雖視網膜上的印像，離開這中心點愈遠，愈不明瞭；但注視點(point of regard)周圍的印像，對於當時所見的或將所見的東西，亦有一種暗示的功用；所以視野較廣部分，這種暗示的幫助亦較大，其閱讀或觀察的速率亦較快。關於橫直行排列的差異，尚有一種生理作用不同的理由，就是眼球轉動的關係。眼球轉動恃乎眼球上六根筋肉的作用。內外兩根筋肉(medial and lateral rectus)，使眼球向內外轉動；上下兩根筋肉(superior rectus and lateral rectus)，使眼球向上下轉動；另外兩根筋肉(superior oblique and inferior oblique)，使眼球向斜角作傾偏的轉動。雖現在對於這些筋肉因運動發生疲倦的情形，尚未有科學的研究；但眼球上下轉動似乎比較左右轉動容易發生疲倦。因眼球上下轉動時，不特眼球自身轉動，即上下眼蓋亦隨之運動；故上下兩根筋肉所需的努力，要比眼球左右轉動時所需左右兩根筋肉的努力大，所以易於疲倦。吾人普通恆有一種錯覺（illusion），兩條相等的直線，直的往往似乎比較長。一般心理學家每謂這是因為眼球上下轉動時更需努力的緣故。若別種情形一樣，則既有這幾種原因，橫行排列自可較優於直行排列了。

依杜氏的報告，這部分實驗的正確度成績，如前一實驗的成績一樣，亦沒有一定的傾向。當被試者報告「停」時，他必已經完全看見所提示的材料；至於默寫時或有錯誤，大抵因爲偶然遺忘，或注意力分散，或受另外觀念衝突的緣故；這完全是偶然的事，對於橫直行排列並無何種關係。故比較橫直行排列的差異，應當根據速率的成績，不應根據正確度的成績。可是認記這種幾何圖形，其正確度的成績如何，亦有研究的價值。分別表述於下：

表叁・二・甲・一一：美國兒童認記幾何圖形的正確度成績

（以百分法計算）

組　　別	三個圖形的		四個圖形的		五個圖形的		六個圖形的	
排　　列	橫行	直行	橫行	直行	橫行	直行	橫行	直行
Mean	88.9	91.3	86.1	87.1	83.8	83.2	79.3	76.9
S. D.	9.40	8.35	11.76	10.08	11.80	13.29	14.71	15.16
P. E. m	.737	.655	.922	.790	.925	1.042	1.153	1.188
Mh-Mv	-2.4		-1.0		.6		2.4	
P. E. diff.	.986		1.214		1.394		1.654	
$\frac{\text{Mh-Mv}}{\text{P. E. diff.}}$	-2.434		-.824		.431		1.451	
Probability	-95:5		-71:29		61:39		84:16	

表叁・二・甲・一二：美國成人認記幾何圖形的正確度成績（以百分法計算）

組別	三個圖形的		四個圖形的		五個圖形的		六個圖形的		七個圖形的		八個圖形的	
排列	橫行	直行	橫行	直行	橫行	直行	橫行	直行	橫行	直行	橫行	直行
Mean	9.13	90.7	89.1	88.0	87.6	87.5	87.1	88.6	86.2	88.5	87.0	85.1
S.D.	11.81	8.71	9.65	11.28	11.37	10.87	11.37	11.48	11.70	12.12	9.43	13.27
P.E. m	1.45	1.07	1.18	1.39	1.40	1.34	1.40	1.41	1.44	1.49	1.16	1.63
Mh-Mv	.6		1.1		.1		-1.5		-2.3		1.9	
P.E. diff.	1.81		1.83		1.93		1.99		2.07		2.00	
$\frac{\text{Mh-Mv}}{\text{P.E. diff.}}$	.331		.601		.518		-.754		-1.111		.950	
Probability	56:44		66:34		64:36		-69:31		-77:23		74:26	

表叁・二・甲・一三：中國成人認記幾何圖形的正確度成績（以百分法計算）

組　　別	三個圖形的		四個圖形的		五個圖形的		六個圖形的		七個圖形的		八個圖形的	
排　　列	橫行	直行	橫行	直行	橫行	直行	橫行	直行	橫行	直行	橫行	直行
Mean	91·7	88·7	92·8	87·8	89·9	90·0	87·7	88·5	85·5	86·4	88·1	81·0
S.D.	12·47	10·78	5·91	8·13	10·17	16·53	16·13	18·28	14·23	12·55	11·03	18·83
P.E.m	3·76	3·25	1·78	2·45	3·07	4·99	4·56	5·52	4·29	3·79	3·33	5·68
Mh-Mv	3·0		5·0		-·1		-·8		-·9		7·1	
P.E. diff.	4·97		3·03		5·85		7·23		5·72		6·58	
$\frac{\text{Mh-Mv}}{\text{P.E. diff.}}$	·604		1·650		-·017		-·111		-·157		1·079	
Probability	66:34		87:13		50:50		-53:47		-54:46		77:23	

關於速率和正確度兩方面的成績，尚有一個問題應該研究，就是速率和正確度的相關度。速率成績好的人，是否正確度成績亦好？或適相反？或無何種關係？下面三表，就是表示這種關係的情形。

表叁·二·甲·一四：美國兒童認記的速率與正確度成績的相關度

組　　別	三個圖形的		四個圖形的		五個圖形的		六個圖形的	
排　　列	橫行	直行	橫行	直行	橫行	直行	橫行	直行
r	-.24	-.29	-.22	.30	-.15	-.05	.05	-.14
P.E.r	.074	.072	.075	.071	.077	.008	.008	.077

表叁·二·甲·一五：美國成人認記的速率與正確度成績的相關度

組　　別	三個圖形的		四個圖形的		五個圖形的		六個圖形的		七個圖形的		八個圖形的	
排　　別	橫行	直行	橫行	直行	橫行	直行	橫行	直行	橫行	直行	橫行	直行
r	.05	-.31	.10	.14	-.08	.20	-.07	-.08	-.16	-.21	-.15	-.27
P.E.r	.123	.112	.122	.121	.124	.118	.123	.124	.120	.118	.121	.115

表叁·二·甲·一六：中國成人認記的速率與正確度成績的相關度

組　　別	三個圖形的		四個圖形的		五個圖形的		六個圖形的		七個圖形的		八個圖形的	
排　　列	橫行	直行	橫行	直行	橫行	直行	橫行	直行	橫行	直行	橫行	直行
r	-.33	-.31	-.25	-.50	.20	-.11	.06	.32	.47	.28	-.17	.15
P.E.r	.212	.215	.226	.188	.288	.235	.234	.214	.184	.220	.232	.233

從上面三個表，知道速率與正確度沒有什麼相關。有時相關度是負，有時是正；且無論正負的相關度都是很低，沒有什麼顯明相關的表徵可言。中國被試者的一個表上，有兩個相關度比較稍高；但機誤很大，亦不能算是可靠的相關。至於美國兒童成績的相關度，大都是負，但均近於零。所以我們可以斷言：這個實驗的速率與正確度成績沒有什麼相關。

依杜氏報告：這個實驗的速率成績，是挨年逐漸進步。小學六年級比較五年級快；小學七年級比較六年級快；成人又比小學七年級快。至於中國成人的成績，則又較勝於美國成人的成績。這或因前者曾已受過一次實驗，對於這部分實驗的性質及所用的器具已經了解的緣故；或因前者從前學習中字時，注重機械的記憶，而其能力或方法遷移於這種認記的工作。不然，或因中美人種的記憶力根本上有差異。可是被試者的人數很少，不能下確實的論斷；不過兒童的記憶域是逐漸進步的，成人的記憶域是比兒童的大，則是無疑義的。

再者，圖形數目的多寡，與速率極有關係。數目愈多，難度愈大，認記的速率愈慢。這種結果，誠爲我們平常所經驗的。

這種圖形數目愈多，記憶愈難的情形，不特在速率成績中可以見之，卽在正確度方面的成績亦是如此；至於各年級間的相差，及成人與兒童的不同，正確度的成績亦頗類似速率的成績，大抵是逐漸進步的，不過亦有超過或不及者。

檢閱被試者內省的報告，實驗時差不多人人分所提示的圖形爲幾組，以便記憶。其中有三種方法最爲普通：⑴三個三個分組；⑵二個二個分組；⑶將所提示的圖形分爲兩組。普通第一及第二兩個圖形最被注意，故其錯誤亦比較少。第一個圖形，尤其如此。無論兒童或成人，認記圖形時，都用一種機械的方法（mechanic device），使圖形成爲有意義的結合，以爲記憶的幫助；其方法則彼此均不相同，間頗有很具巧妙的興味者。

杜氏並說明認記幾何圖形與認記有意義及無意義的中文的成績頗不相同。若表叁・二・甲・一〇：中國成人每一輪轉認記幾何圖形的平均數與表叁・二・甲・二：用無意義材料每一輪轉所認記字的平均數相比較，則前者甚低於後者；若與表叁・二・甲・三：用有意義材料每一輪轉所認記的平均數比較，則更低了。其實前者還是後於後兩者實驗，被試者已經知道這種實驗的性質及所用的器具的。

至若認記幾何圖形的識別距，短於認記有意義及無意義的中文的識別距，則因前者要求被試者的注意力更大，各個圖形很難有意義的聯絡；至於字則雖非照意義排列，可是被試者都已認識，卽用機械的方法使之成爲有意義的結合，亦自必比較容易些。

根據這實驗的結果，杜氏歸納爲下面十個結論：

1. 閱讀橫行排列的材料，可比閱讀直行排列的材料快。這因為兩種生理方面的事實，對於橫行排列有特別的貢獻：(a)橫面所見的範圍，大於縱面所見的範圍；(b)眼球上下轉動時，比較左右轉動時，容易發生疲倦。

2. 參考中國被試者的成績，認記幾何圖形時，平日讀直行的習慣，並不發生何種顯明的影響。

3. 就正確度成績而言，橫直行排列並無何種差異。

4. 速率與正確度並沒有什麼相關，差不多所有的相關度，無論正負，都近於零。

5. 認記的成績，是挨年級逐漸進步；成人則較勝於兒童。

6. 每段圖形數目加多，則難度亦隨之增加；故速率及正確度的成績亦較次。

7. 被試者認記圖形時，每用二二法，或三三法，或折半法，分圖形為幾組。

8. 被試者每特注意第一及第二兩個圖形，所以這個圖形的錯誤亦較少，第一個尤其如此。

9. 幾何圖形雖是毫無意義的，但被試者每用機械的方法，使之有意義，以便記憶；至於方法，則各人均不相同。

10. 對於中國的被試者，則認記中字的成績，無論是有意義或無意義，均比認記幾何圖形好。換言之，認記前者的識別距，大於認記後者的識別距。

杜氏的二個實驗，用三種材料，在速示機內提示，研究閱讀橫直行排列的問題。第一個實驗用兩種材料，雖一是有意義的，一是無意義的；但都是中文，只應用於中國的被試者。第二個實驗材料爲圖形，有中國留學、美國大學生和美國小學的兒童。杜氏對於實驗結果有下說明：

中國的被試者閱讀中文直行快於橫行，這非是橫直行根本上的差異實因受舊習慣的影響。若直行排列果好於橫行排列，則他們認記幾何圖形的結果，當如閱讀中文的結果一樣。至於美國的被試者固有閱讀橫行排列的習慣，亦或可影響於他們的成績；但就中國的被試者的成績而言，對於認記幾何圖形這種材料，不受何種習慣的影響。今所得結果，無論中外的被試者都是橫行好於直行，故我們可以斷言。

杜氏認爲：「科學書籍須時用數目、公式及外國文的引用語等。若一則用直行排列，一則用橫行排列，殊多不便；且於閱讀的效率有妨礙。故爲閱讀經濟計，橫行排列須取直行排列而代之。雖一時對於印刷者及慣於讀直行的人稍有不利，但爲將來永久利益起見，則不得不爲暫時犧牲的。」此一建議殊值重視。

最後杜氏建議：「若我國從今以後，採取橫行排列的方法，則須絕對的專用橫行排列。倘若現在兼用兩種，則習慣衝突，閱讀的效率必受其影響；其結果，或反不如專用直行排列好。至於橫行排列的方法，爲現所應用者，固非已完全合於理想的標準；有許多問題，如標點的位置等，仍須待實驗的方法來解決。」此一建議似與本書改進中文排列方式的「中則中、西則西原則」的看法一致，參閱本書〈結語〉部分。

乙、陳禮江、沈有乾、周氏的中文橫直行排列的研究

依杜佐周氏所著〈橫直行排列之科學的研究〉⑫文中，除摘述其本人研究，前已介紹：採用幾何圖形爲材料，除以八個中國留學生爲被試者外，尚有三十個美國大學生及七十四個美國小學五、六、七三個年級的兒童之實驗的結果外，並介紹：1. 陳禮江氏用

⑫ 杜佐周著〈橫直行排列之科學的研究〉，載於《教育雜誌》第二十二卷第一號（期），民國十九年一月出版。

劃字所進行的中文橫直排列研究，2.沈有乾氏用眼動照相機研究閱讀橫直行眼動情形，3.周氏用四分圓速示機進行中文排列實驗，摘要轉介如下：

1.陳禮江氏用劃字法所進行的中文橫直排列研究

在一九二六年，陳禮江氏在芝加哥大學卡（Garr）教授指導之下，執行一個實驗，以中國學生爲被試，直接比較閱讀橫行與直行排列的中文，及劃去橫行與直行排列的中文字、英文字母或數字。他分被試者爲四組，共六十四人。速率以秒計算；至於正確度，一則以記對觀念的多寡爲標準，一則以劃對項目的多寡爲標準，其結果如下表：

表叁·二·乙·一：劃記法每個被試者的平均時間

組　別	閱讀中文		劃去中字		劃去英文字母		劃去數字	
	直行	橫行	直行	橫行	直行	橫行	直行	橫行
1	84	95	81	88	82	66	65	59
2	105	114	87	92	74	66	79	65
3	113	131	93	100	78	70	77	71
4	92	105	82	88	77	69	75	69
總平均	98.50	111.25	85.75	92.00	77.75	67.75	74.00	66.00

註：表上數值，表示每種工作所費的秒數；其值愈小，速率愈快。

表叁·二·乙·二：劃記法做對成績的分量

組　別	閱讀中文		劃去中字		劃去英文字母		劃去數字	
	直行	橫行	直行	橫行	直行	橫行	直行	橫行
1	53	47	21	20	35	36	32	34
2	57	56	22	21	34	35	34	36
3	48	46	22	21	34	36	35	37
4	45	41	21	20	33	35	35	36
總平均	50.75	47.50	21.50	20.50	34.00	35.50	34.00	35.75

註：表上數值，表示記對的觀念及劃對的項目；其值愈大，正確度愈高。

由該二表，可知每組被試者閱讀中文及劃去中字，無論速率與正確度的成績，直行均勝於橫行；但當其劃去英文字母及數字，橫行反均勝於直行。若以人數百分比計算，百分之九〇的被試者，閱讀直行的中文，勝於橫行的中文；百分之八九的被試者，劃去直行的中字，勝於橫行的中字。至於劃去英文字母，則有百分之九五的被試者，橫行勝於直行；劃去數字，則有百分之九四的被試者，橫行勝於直行。其正確度方面的人數百分比，則爲百分之六九、六二、六一及六〇的被試者；可見其差異，並不如速率方面那樣顯著。

被試者閱讀中文及劃去中字，直行勝於橫行，大都是因爲受了習慣的影響；否則，其劃去英文字母及數字的成績，絕不至於與其絕對相反，橫行遠勝於直行。我們比較上面的人數百分比，若僅就速率方面而言，後兩者的百分比，且大於前兩者的百分比。雖然這些被試者平日亦有閱讀英文（自然是橫行）的習慣；但其曾受訓練的時日，必不如學習中文那樣長久。就此而論，若別種情形一樣，似乎橫行較勝於直行。

再者，上面兩種成績，亦有許多例外者。此種例外的原因雖有多種；但其次數的多寡，適與被試留美與學習英文的時期成正比例。換言之，留美愈久，或學習英文的時期愈長者，閱讀橫行與直行排列的中文，或劃去橫行與直行排列的中字之成績差異亦愈小。試看下表，就可明瞭這種情形。

表叁·二·乙·三：學習英文時期的長短與例外次數的多寡之關係

被試人數	例外次數	留美年數	學習英文年數
6	4或5	8.16, P.E. .98	12.16, P.E. .69
14	3	4.85, P.E. .42	10.57, P.E. .48
17	2	3.23, P.E. .20	8.64, P.E. .27
13	1	3.84, P.E. .32	7.84, P.E. .25
14	0	3.00, P.E. .28	7.07, P.E. .27

上表顯示被試者因留美及學習英文時期的差異，在八次測驗中，與每組標準不同的次數。例如有六個被試者，其留美時期爲八點一六年，學習英文時期爲一二點一六年；在八次測驗中，有四次或五次例外；十四個被試者，其留美時期爲四點八五年，學習英文的時期爲一〇點五七年；在八次測驗中，有三次例外。餘類推。

陳氏的實驗結果說明：

學習英文時期較短的被試者閱讀中文及劃去中字，直行勝於橫行；劃去英文字母及數字橫行勝於直行。反之，學習英文時期較長的被試者，則閱讀中文及劃去中字，橫行不特適如直行，且可較勝於直行；至於劃去英文字母及數字，更無論了。可知閱讀直行中文的習慣，能因學習橫行的英文而改變。但學習英文，並不是完全拋棄中文。留學生中，閱讀中書者，比比皆是。今這部分被試者的實驗結果，不特劃去英文字母及數字，橫行勝於直行；即閱讀中文及劃去中字，亦橫行稍勝於直行，這或因橫行排列根本上較勝於直行排列。

2. 沈有乾氏用眼動照相機研究閱讀橫直行眼動情形

沈有乾氏應用眼動照相機研究閱讀橫行與直行的眼動情形，被試十一人，都是中國留美的學生。閱讀的材料有中文橫直兩種，各用兩段，每段十行至十二行。直行選自《留美中國學生季報》，每行三十五字；橫行選自《科學雜誌》，每行二十三字，均用四號鉛字；橫行比較直行爲稀。標點之法亦稍不同。其結果如下：

1. 平均眼停時間（以百分之一秒爲單位）：

直文一	32	橫文一	29
直文二	34	橫文二	32

讀直文眼球每停時間，似較讀橫文爲長；但不十分顯著。

2. 每次眼停平均字數：

直文一	2.1	橫文一	1.9
直文二	2.5	橫文二	1.8

讀直文，每一眼停，二字餘；讀橫文，每一眼停，二字不足。若十一個被試者，各自橫直相比，則三十二之二十九，直多於橫；其三橫多於直。（內有五個被試者的成績不完全，共有空白七個，故計算平均時，未曾列入。每人橫直自相比較，有一與一、二與二、二與一及一與二共四種方法。除去空白七個十一個被試者，尚可共比三十二次。）

計算被試者各人閱讀橫直四文的速率，可用每秒所讀字數爲標準；其中最快者，每秒讀11字，最慢者不及3字。被試者各自橫直相比，三十二之二十六直快於橫，其五橫快於直，其一相等。平均讀直文比較讀橫文每秒約快1字。其平均每秒所讀的實際字數如下：

直文一	6.9	橫文一	6.5
直文二	7.6	橫文二	5.7

沈氏認爲：就這個實驗的表面結果而言，似乎閱讀直行的成績勝於橫行；但其中約有五分之一的被試者是例外的。且其平均差異不大，亦不能援以爲確認。沈氏這個實驗僅能幫助我們約知閱讀橫直行的眼動情形，不能說是閱讀橫直行的效率之比較，其理由約爲：

1. 被試者的人數太少，根本難以代表一般的事實。

2. 橫行與直行的材料不一致。若就普通情形而言，《科學雜誌》的材料，或必比較《留美中國學生季報》為難，故其速率，亦必較慢。此雖是推測的話，但將不同樣的材料來作比較，必不公平。

3. 橫行與直行的長短、疏密及標點方法均不相同，亦失掉比較的真義。

4. 這十一個被試者，既都是中國留美的學生，其閱讀直行排列的中文，必較有深固的習慣，故其速率較快，亦在意料之中。

3. 周氏用四分圓速示機進行中文排列實驗

杜氏文中另介紹周氏（Siegen K. Chow）用四分圓速示機所進行的中文排列實驗。周氏的實驗材料分四種閱讀的方向。每種方向有四組材料，每組材料有四段文字，每段文字有七個中字。字的位置，每段不同，有正放者，有倒放者，有向左放者，又有向右放者：其目的就是要比較閱讀這些不同方向及不同位置的材料之速率。用英文大字母，表示閱讀的方向；用小字母，表示各字的位置。如是，共可有如下的十六種組織：

(1) Du	(5) Uu	(9) Ru	(13) Lu
(2) Dd	(6) Ud	(10) Rd	(14) Ld
(3) Dr	(7) Ur	(11) Rr	(15) Lr
(4) Dl	(8) Ul	(12) Rl	(16) Ll

至若以下圖爲例來說明更易明瞭。

(1)是從左向右讀的

(2)是從上向下讀的

(3)是從右向左讀的

(4)是從下向上讀的

圖叁·二·乙·四：周氏四分圓速示機

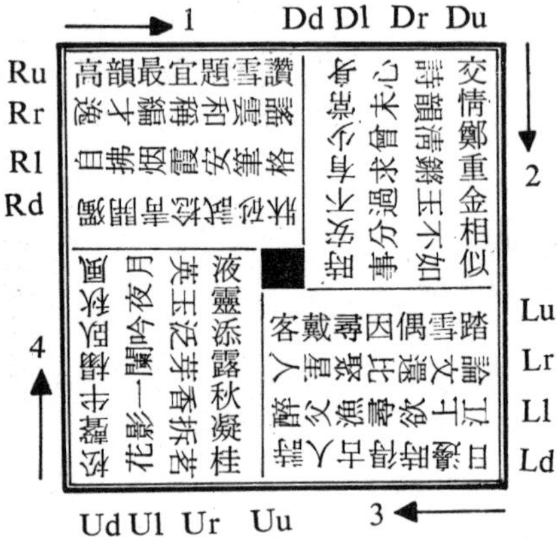

周氏所用的機器，爲他自己所設計製成的，叫做「四分圓速示機」（quadrant tachistoscope）參與這個實驗的被試者，共十一個中國留學生，每人先後共測驗四次，每次共讀一二八張卡片，平均約需費時三十分鐘。其結果如次：

十一個被試者四次測驗的平均速率之最快者，爲從右向左，讀正放的字Lu，費九七·三鐘（以五十分之一秒計算）；最慢者，爲從左向右，讀倒放的字Rd，費一一六·四鐘。其全部的比較見下表：

表叁·二·乙·五：十一個被試者平均閱讀時間及其均方差

閱讀的方向		字置的位 u	d	r	l	各種位置	直行的與橫行的
D	m	99.7(2)	114.5(14)	110.7(10)	108.7(6)	108.4(2)	109.8
	σ	24.5(7)	32.7(15)	26.6(10.5)	27.9(13)	27.9(3)	25.5
U	m	112.2(11)	108.8(7)	109.6(9)	113.8(13)	111.1(4)	
	σ	25.0(8)	21.6(3)	21.8(4)	23.9(6)	23.1(2)	
R	m	99.9(3)	116.4(16)	112.9(12)	108.9(8)	109.5(3)	106.9
	σ	23.5(5)	33.1(16)	30.2(14)	27.1(12)	28.5(4)	25.8
L	m	97.3(1)	106.0(5)	100.4(4)	114.7(15)	104.6(1)	
	σ	19.2(1)	25.8(9)	20.5(2)	26.6(10.5)	23.0(1)	
各種方向		102.3(1)	111.4(3)	108.4(2)	111.5(4)	108.4	—
		23.5(1)	28.3(4)	24.8(2)	26.4(3)	25.6	

從上向下，讀正放的字Du，原是普通讀中文的方法；但費九九・七鐘，而僅居第二的地位。他若從左向右，讀正放的字Ru，則費九九・九鐘，而居第三的地位。其全體次序如下：Lu，Du，Ru，Lr，Ld，Dl，Ud，Rl，Ur，Dr，Uu，Rr，Ul，Dd，Ll，Rd。若我們混合從上向下及從下向上的兩種讀法爲直行的閱讀，則其平均費一〇九・八鐘；若我們混合從左向右及從右向左的兩種讀法爲橫行的閱讀，則其平均費一〇六・九鐘，前者比後者慢。

若以每秒鐘所讀的字數計算，則Lu的速率最快，每秒鐘讀三・五九字；Rd的速率最慢，每秒鐘讀二・九八字。Du的速率爲三・五一字；Bu的速率爲三・五〇字。至於十六種組織的平均速率爲三・二八字。

周氏分析其實驗全部的結果，得到的結論爲：

> 排列的方向若果對於閱讀中文的速率有關係，則必是因為前後的字發生一種特別的時間與空間的連續關係的緣故。故對於已有特別習慣的被試者而欲比較其閱讀橫行與直行的效率，必無健全的結果。此地所謂時間與空間的連續關係者，就是表示一字連續他字的關係。

凡連續的字，必有空間與時間的關係；若有二字左右排列或上下排列，這就是空間的關係；但當我們閱讀時，先後依照次序，即發生有時間的關係。我們若以u代表字的上部，d代表字的下部，l代表字的左部，r代表字的右部；則從上向下讀時，可得時間與空間的連續關係du；從下向上讀時，可得時間與空間關係ud；從左向右讀時，可得時間與空間的連續關係rl；從右向左讀時，得時間與空間的連續關係lr。這就是說：向下讀時，一字的下部與他字的上部相連續；向上讀時，一字的上部與他字的下部相連續；向右讀時，一字的右部與他字的左部相連續；向左讀時，一字的左部與他字的右部相連續。若是這種關係改變，則其閱讀的速率必將改變，非加快，即減慢。

由此可知，利用已有閱讀直行或橫行習慣的被試者，去比較直行與橫行的效率必不適宜。因此若欲解決這個中文的排列問題：㈠必須利用從未有過閱讀任何排列的經驗者爲被試；㈡必須利用與中英文絕對不同的材料，單獨研究生理方面的橫行與直行之差異。第一種的實驗環境，甚難求得；無已，只得應用第二種方法。

杜氏在評介上面所報告的材料的實驗研究認爲：

一九二九年夏以前各個研究的成績，所謂橫行排列較勝於直行排列者，不過是這幾種實驗所表示的大致傾向；其正確的證明，尚須俟以後的精密研究。作者上面說過研究中文的橫直行問題，至少須分為兩方面進行：一為生理方面，一為中文本身方面。

關於第一方面，又須分為多種問題特別研究。如：1.視野對於橫直行認知範圍的關係；2.認知範圍對於橫直行閱讀速率的關係；3.眼球橫直轉動對於筋肉疲勞的關係；4.筋肉疲勞對於閱讀速率的關係；5.橫直行閱讀對於頭部運動的關係；6.頭部運動對於閱讀速率的關係；及7.眼的位置對於橫直行閱讀速率的關係等，乃是其最要者。

至於第二方面，亦應分為多種問題，如：1.字的大小；2.字的疎密；3.字的格式；4.字的優越部分 (dominating part)；5.字的觀察歷程；6.行列的長短；7.行列的疏密；8.標點的位置；9.段落的分劃；10.外國文的引用；11.特別符號的添加；12.數目或公式的插入；13.印刷的便利和經濟；14.書寫的便利和衛生；及15.上面所謂字的空間和時間的連續關係等，均是有關於橫直行排列的問題，而必須分別研究的。此外，還有神經中樞方面，如橫線與直線的錯覺等，對於橫直行排列的關係，亦當研究。

丙、艾偉氏與其他學者對中文排列方式的綜合研究結果

心理學家艾偉氏依據自己的研究，並參合杜佐周、陳禮江、沈有乾、周氏等，對於中文排列問題的以下歸納意見⑬似可視爲綜合研究結果：

⑬ 同上。

一、橫直行排列之比較研究，現已從讀法與速視兩方面有所探討。陳、沈二氏之研究，屬於讀法方面；而杜、周兩先生及著者之研究，則屬於速視方面。

二、就讀法之研究結果而言，若應試者為曾受高等教育（即學齡甚高）之中國學生，則直行成績優於橫行成績，甚為顯著。

三、就速視材料之研究結果而言，橫直行之成績比較不如讀法研究結果之明顯，視材料之深淺與應試者之程度而定。

四、假使其他情形相等，就材料而言，無意義材料較有意義材料為難；而幾何圖形又較無意義材料為難。就應試者程度而言，學齡高者其成績亦較優。在各種情形之下，橫直行雖互有優劣，然其成績尚能隨材料之深淺與應試者之程度而定。例如在高小二文言橫行成績（八七・一四）雖低於文言直行成績（九〇・〇四），然尚高於無意義直行成績（八五・三〇）；又如在初中二文言橫行成績（九二・〇三），雖低於文言直行成績（九三·〇四），然尚高於無意義直行成績（八七·四〇），或其橫行成績（八七·五三）。

五、大抵材料較困難者，（例如著者艾氏第二種實驗中所用之無意義卡片及杜氏所用之幾何圖形），以橫視成績為較優（杜氏所有之應試者為中國留美學生，而著者之應試者其最高學齡不過高中一，此應請注意者）。

六、在著者之第一種實驗中，其高小二級在白話、文言及無意義三類均以直行成績為較佳。此足證明五年餘閱讀漢文之經驗，已養成直讀之習慣。初中二以成績論，在有意義方面（白話、文言二類）直優於橫，在無意義方面則橫優於直。又此兩項成績相差極微，此似因入初中後有閱讀橫文之機會；在習慣尚未固定之前，故有此參差之結果。及至高中一，此種習慣已較固定，故直行成績又佔勝利，因其習慣較深也。

七、在讀法上或速視上，其所用之材料若為有意義者，似含有閱讀習慣在內。當閱讀之時，在各字之連續上雖為第一字之尾與第二字之首(直讀往下之情形)，即周氏所謂「時空連續」者。然善讀者以詞為單位，或以短句為單位，恐非以字為單位。故所謂「時空連續」，應就詞或短句而言，始可免去讀者之誤會。此種連續，在習慣上發生影響，而閱讀有意義材料似多少受此影響也。

八、應試者觀察各字組之時，最初頗欲於一次之內得窺全豹；惟因貪多務得，結果不佳。大多數人以後用逐字觀察法，即在直行從上看至下，每次所看或一字或二、三字不等；在橫行從左看至右，每次所看亦一字或二、三字不等；然最初看法亦有至終不改者，故字之位置顛倒寫者特多。

九、兩性差異在橫直讀之成績上所表現並不明顯。

十、橫直行速視之生理差異，在著者之實驗中雖未顧及，不敢妄斷。

以上研究結果，艾氏認爲橫行較優於直行，但和其他研究綜合看來，尙無一致性的結論。至於橫排向左與橫排向右，依周先庚氏的研究：⑭「橫讀往左爲第一，其所需的時間爲一・九五秒；直讀往下爲第二，其所需的時間爲一・九九秒；橫讀往右爲第三，其所需之時間爲二・〇〇秒。此三種爲可能之讀法，其他讀法在事實上殊不可能。就此三種分爲橫直兩種（卽將二橫讀法結果平均之以作橫行之代表），則前者所需之時間爲一・九七五秒，後者爲一・九九秒，二者之相差雖極微，然仍以橫讀爲較快。」但此一研究，被試者人數較少，且多爲中國留美學生，已有閱讀中文之習慣，其研究結果之可靠性似有問題。

此外，中文「橫寫」與「直寫」孰優？國立東南大學（後改爲國立中央大學）附屬小學曾作研究⑮。本研究採用同一材料同一時間，比較兩方面之好壞及快慢，其結果

⑭ 錄自艾偉著《漢字問題》一書，第一九〇頁，中華書局，民國五十四年十二月臺二版。

⑮ 見《第一次中國教育年鑑》戊編第四〈教育研究概況〉。

爲：好壞方面，第一次直勝橫二・三，第二次直勝橫○・四。快慢方面，第一次橫勝直七・九，第二次橫勝直五・五。實驗係數的好壞方面，第一次○・七五，第二次○・一三。快慢方面，第一次一・六，第二次○・五八。

上述研究都是採用科學方法進行，偏重橫直行排列之優劣比較，其結果自應重視。然文字爲民族文化的一部分，而非一般器具是可從使用的優劣而加以取捨。

三、法令規定

公文爲處理公務的文書，其程式有其程序和格式。公文的格式包含文字的排列在內。自古以來，政府對於處理公務的公文自須有一定的格式。依民國六十一年一月二十五日，由立法院通過，並由總統公布的「公文程式條例」爲例。該條例第七條爲：「公文得分段敍述，冠以數字，除會計報表、各種圖表或附譯文，得採由左而右之橫行格式外，應用由右而左直行格式。」規定公文的排列方式。

除公文以外，對一般書刊匾額文字排列方式的規定，似始於民國四十三年張其昀氏接掌教育部時期。張氏對宣揚中華傳統文化甚爲重視。四十七年三月十八日，教育部規定：「一、我國文字橫寫時必須由右向左；二、報章雜誌中文橫排時亦須由右向左；三、商店招牌、匾額一律由右向左。」⑯該規定公布未久，教育部依臺灣省教育廳之請示，復作補充規定：「關於學術性的文字，包括音樂、美術、數學、化學及應用科學，可配合國際間文字習慣由左向右」。也就是可依書刊性質酌用西書版式，橫排，由左至右的規定。

民國六十四年間，由於大陸提倡中文「橫寫右行」；同年八月間，政府在臺北市召開「國家建設研究會」，一位海外學人提出中文橫寫應一律由左至右的建議後，引起熱烈的討論，學者從政治的或學術的觀點在報刊上發表贊成或反對的意見，驚動了當時的行政院長蔣經國，指示：「教育部對於中文橫寫的格式，宜擬辦法，予以統一；並對電

---

⑯在公布該規定之前，張其昀部長在「動員月會」中曾述及此一措施是奉蔣（中正）總統面諭所頒行。著者當時在部服務，親聆其事。

視節目的製作及內容，也希望教育部予以重視，列爲改進方案的重點。」據同年九月九日《中央日報》報導：「這兩項指示：教育部已積極研擬辦法改進中。關於中文橫寫格式，教育部擬訂了三項方案：一、統一改革現行中文橫寫有由右至左情形，一律改爲由左至右；二、順其自然，不予硬性規定橫寫格式，適應民間習慣，使經長期適應後再逐漸改爲由左至右橫寫方式；三、不予改變，仍照目前傳統習慣，維持由右至左橫寫方式，避免如硬性改爲由左至右方式，可能增加公司行號負擔，如須重寫招牌或店名等情形。」

民國六十五年二月十一日，各報刊出以下新聞：

教育部頃通函省市教育廳局，關於中文橫寫順序，應依該部之如下規定辦理：

一、為便利學術性及教育性有關書刊之出版。其橫行書寫排印，得採由左向右之方式。

二、凡榜書，即橫式標語、招牌、匾額、標示等，中文由右至左，西文由左而右。

民國六十五年十二月六日，立法委員周樹聲向行政院提出書面質詢，希望政府對中文橫寫由右至左或由左至右，應該作一更週詳的統一規定。教育部旋於十二月二十一日，對於中文橫寫的方式，提出以下的說明：

中文書寫格式，民國四十七年時，總統　蔣公曾有指示，主要內容是：一切橫式書寫，一律由右向左。

後又經中央黨部專案小組研究，作了下列統一規定：

一、招牌等中文由右向左，西文由左向右，但中文應大於西文。

二、公共牌示、廣告、匾額、標語、標示等，一律由右向左。

三、學術性的書刊，包括音樂、美術、數學、物理、化學及應用科學，可配合國際習慣，由左向右。

中文橫寫的排列方式，雖已經教育部作統一的規定。但仍有人認爲中文應維持中華傳統，主張中文橫寫的排列方式應一律由右而左，也就是左行；也有人持反對態度，認爲中文應順時應變，因其常夾有英文和阿拉伯數字，應一律改爲由左而右，也就是右行；對於教育部的規定，各就其觀點，賡續發表不同的意見。

民國七十九年春，教育部又多次約集內政部、經濟部、交通部、新聞局及省市政府代表將原有辦法加以修訂，報請行政院經同年六月二十六日院會通過。同年七月二十五日，教育部公布「中文書寫及排印方式統一規定」⑰三條：

一、中文書寫及排印以直行為原則，一律自上而下，自右而左。

二、中文橫式書寫及排印，自左而右；但單獨橫寫國號、機關名稱、國幣、郵票、區額、石碑、牌坊、書畫、題字及工商行號招牌，必須自右而左；交通工具兩側中文橫寫，自頭部至後尾順序書寫。

三、同一版面有橫、直兩種排列方式時，其橫式自左而右。

朱滙森部長對上項規定公布之項目，在新聞局記者會中提出「中文書寫及排列方式

---

⑰ 見《教育部公報》第六十七期，第五頁，民國六十九年七月出版。

統一規定報告」⑱該報告分爲：一、目前實際情況及原因的探索，二、修訂規定的擬議及三、新規定的說明三部分，並附式樣舉例。全文如下：

一、目前實際情況及其原因之探索：

㈠實際情況：

1.橫列文字，或左或右，包括報刊、廣告、商店招牌、電影字幕等；而報刊同一版面亦不一致。

2.橫列文字，由左而右者，包括高速公路標示牌、新製路標等。

㈡原因探索：

1.學術性書刊，尤以理工及音樂等科目，原有其自左而右橫排之必要，亦為原有規定所允許。

⑱該報告載於民國六十九年六月二十七日《中央日報》第二版。

2. 若干年來，因須採取西方學術思想及意見，引用外文更見頻繁，一般書刊橫排而採取自左至右方式者亦多。

3. 近年以來，國際間商務關係愈密，文化交流加速，各國文字絶大多數為自左至右橫寫（英文之影響尤大）；其中英文並列者（如電影字幕等）自不免為求一致而趨向於自左至右。

二、修訂規定之擬議：

㈠本部於六十四年以後，先後迭奉指示，對中文書寫排印方式加以研議。本部本「維護文化傳統」與「適應時代需要」等原則，先行對各方意見加以分析，獲得要點如後：

1. 主張中文應採自左而右橫行書寫及排印者，其所持理由為：順應潮流，兼為書寫及閱讀之便利。

2. 主張中文書寫應維持已往規定者，其所持理由為：保持我國文化傳統。

3.另有少數人士，則主張任其自然演變，以俟約定俗成。

㈡本案經先後多次會同內政部、經濟部、交通部、新聞局、省市政府等機關進行研議，修訂完成規定如後：

中文書寫及排印方式統一規定

1.中文書寫及排印以直行為原則，一律自上而下，自右而左。

2.中文橫式書寫及排印，自左而右，但單獨橫寫國號、機關名稱、國幣、郵票、匾額、石碑、牌坊、書畫題字及工商行號招牌等必須自右而左；交通工具兩側中文橫寫，自頭部至後尾順序書寫。

3.同一版面有橫、直兩種排列方式時，其橫式自左而右。

三、新規定簡要說明：

㈠新規定的基本精神，在維護我國文化傳統與因應時代實際需要，即以保持中文「傳統方式」為主，以適度調整中文橫式自左而右，適應實際需要以從其權；使其兼容並顧，而作靈活的運用。

㈡維護我國文化傳統：本新規定第一項即規定「中文書寫及排印以直行為原則，一律自上而下、自右而左。」此為中文傳統方式，亦為中文的基本書寫排印之方式。中文傳統史籍經典及迄今之現代中文公文書，均為直行，自上而下，自右而左之方式；故定此式為中文基本方式，上承傳統，普遍推行，列於規定之首，以示以此種方式為主。

㈢因應時代實際需要：中文橫式書寫排印方式，為中文傳統史籍經典所無，故不得不因應時代；徵諸實際需要，如中文電腦、電動中文打字機之設計與應用，而採適合的方式，規定橫式自左而右。在新規定第二項中，規定「中文橫式書寫及排印，自左而右。」以應需要。以上說明，一為重視縱的方面文化承遮，一為顧及橫的方面時代適應。

㈣中文已往雖無橫式排印書籍，而卻保有一種獨特的「榜書」方式。即匾額、招牌等。故於新規定中第二項內規定「但單獨橫寫國號、機關名稱、國幣、郵票、匾額、石碑、牌坊、書畫題字及工商行號招牌，必須自右而左。」規定內列舉十項均為固有形式，為維護傳統中文特色，規定保持「自右而左」方式。

㈤至交通工具兩側中文橫式書寫，經詳為研究，以自前而後為宜，即自交通工具之頭部至後尾順序為美觀而自然，故在第二項中規定「交通工具兩側中文橫寫，自頭部至後尾順序書寫。」

㈥對於在同一版面有橫、直兩種排列方式時，新規定中第三項作具體規定為「其橫式自左而右。」申言之，即在同一版面，直式排列，照本規定第一項所定「自上而下，自右而左」。其橫式排列時，照本規定第二項所定「自左而右」，以資統一貫徹，廓清現有混亂現象。

(七)新規定簡而易行，在中文直式書寫排印時，只有一式，即「一律自上而下，自右而左」。在中文橫式書寫排印時，亦只有一式，「自左而右」。在橫式中須保持固有形式者，在規定中具體列出單獨橫寫國號等十項，必須自右而左。在橫式中須靈活處理者，有交通工具兩側中文橫寫方式之規定。至同一版面有直、橫兩式排列時，亦有具體之規定。故在輔導改正時，易於執行。

四、新規定之實施；其分工配合督導如後：

(一)電視、電影、報紙、雜誌等大衆傳播媒體，由行政院新聞局督導。

(二)招牌、廣告等，由內政部督導。

㈢交通、郵電等，由交通部督導。
㈣貨幣、商標等，分由財政部、經濟部督導。
㈤學校教材等，由教育部督導。

中文橫式書寫式樣舉例

一、單獨橫寫國號、機關名稱
二、石碑、牌坊
三、匾額、書畫題字
四、工商行號招牌
五、交通工具兩側中文
六、報刊直式、橫式（略）

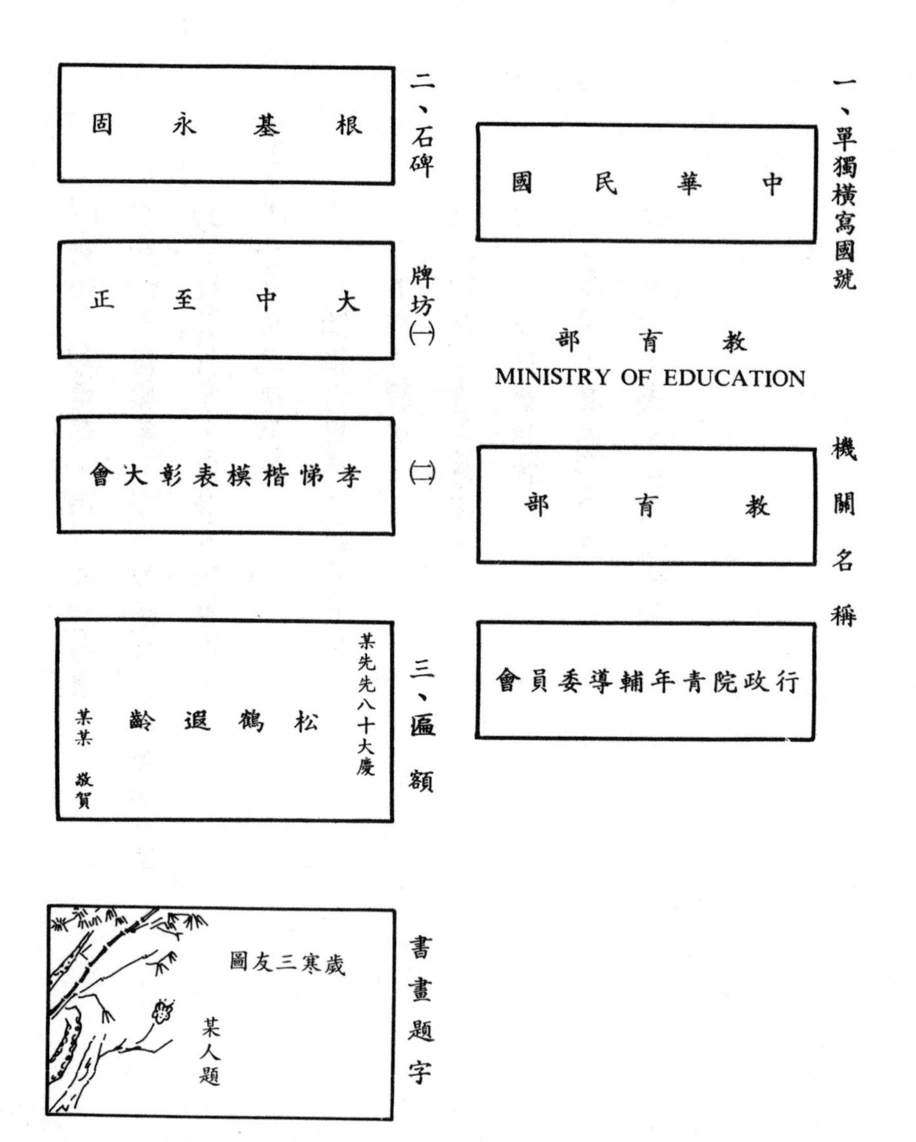
一、單獨橫寫國號
中華民國
教育部
MINISTRY OF EDUCATION
機關名稱
教育部
行政院青年輔導委員會
二、石碑
根基永固
牌坊(一)
大中至正
(二)
孝悌楷模表彰大會
三、匾額
某先先八十大慶
松鶴遐齡
某某 敬賀
書畫題字
歲寒三友圖
某人題

四、工商行號招牌

司　公　服　西　來　葛
GRAY TAILOR CO.
TEL: 9812933. 9846774

行　璃　玻　成　德
TEL: 7686211

潢　裝　車　汽　信　宏
五八一五一九三：話電

五、交通工具兩側中文橫寫

臺北市公共汽車

車汽共公市北臺

前項書面報告附有「式樣舉例」（該式樣舉例爲法令的附件，未列入圖表目次）。其第六項「報刊、直式、橫式（略）」中括弧內「略」字爲原文，並非著者所略。依民國六十九年六月二十七日《中央日報》第二版所載：「教育部長朱匯森昨日指出，對第三條規定（該條規定爲：同一版面有橫直兩種排列方式時，其橫式自左而右），報紙並不適用，其橫式標題仍保持舊有由右而左，以符習慣……。」至今《中央日報》、《聯合報》、《中國時報》等，新聞標題橫排者，仍採用由右而左方式，與新聞內容直排行次左行方向相一致。

自教育部於民國六十九年六月二十七日公布自七月一日起，中文排印方式，統一規定：「一、中文書寫及排印以直行為原則，一律自上而下，自右而左。二、中文橫式書寫及排印，自左而右，但單獨橫寫『國號』、『機關名稱』、『國幣』、『郵票』、『匾額』、『石碑』、『牌坊』、『書畫題字』及『工商行號招牌』等，必須自右至左；交通工具兩側中文橫寫，自頭部至後尾順序書寫。三、同一版面有橫、直兩種排列方式時，橫式自左而右。」以後，中文排印方式，多年來仍引起學者及有關單位爭論。茲舉二例如下：

民國七十九年八月二十一日美國《世界日報》的「臺灣新聞」版刊出「左右都是中文橫排再起爭議——臺灣省教育廳試辦左至右排，老話題起新漣漪」的報導。臺北訊：「中文橫寫到底從左到右抑或從右到左，最近因臺灣省教育廳將從本學年開始，試辦一年板書或學生筆記從左到右的決定，而又引起議論，國府監察院教育委員會二十日就討論一民眾檢舉案，認為教育廳的措施違反行政院的規定，而且北、高兩市未同步實施，顯然是一國兩制。」繼作說明：「其實，教育廳的試辦措施，僅侷限於英語、數學及物理、生物等方面的課程，其他國語文、歷史、地理等直寫方式照舊從右到左，與行政院頒布書寫的規定並不衝突，因而二十日監察院教育委員會並未詳加討論，僅以函查教育部了事，但從最近臺灣坊間的報紙編排方式及市招的左右不一，引起民眾困擾，或許主管單位應再重新檢討了。」該報導指出：「中文書寫及排印方式，在民國六十九年行政院頒布規定之前，卽有不少爭論，主張應自左而右者的理由是順應潮流，堅持以往規定由右至左者則是保持文化傳統，當然也有人認爲任其自然最好。因而行政院頒布的規定卽採折衷主義，僅規定單獨橫寫國號、機關名稱、國幣、郵票、匾額、石碑、牌坊、書畫題字及工商行號招牌必須自右而左。惟此並無強制規定，只有官方機關遵守，其他民間工商行號招牌則五花八門，左右不分，這也是最爲人詬病之處。」關於報紙方面，該報導又指出：「至於報紙編排方式，在報禁開放後，也並未統一：有標題從左到右，有標題從右到左，亦有全部從左到右。在本月十六日，省新聞處長羅森棟答覆省議員質詢時，也很無奈的說：「省新聞處權責僅可作督導協調而已。」最後提及商標問題，說明：「經濟部在民國七十五年六月十八日的早餐會報上決定，商標上的中文橫寫，無論由右至左或由左至右，完全以註册時的商標圖樣爲準，解決了困擾業者多年的中文橫寫問題。」此一報導顯示中文排列是錯綜複雜的問題，並驚動了監察院。

圖叁・三・一：立法委員朱鳳芝為中文排列問題提出質詢展示海報（原為彩圖）

民國七十九年十月十六日，立法院朱鳳芝委員在質詢時，準備了一幅海報，由右而左寫着「本日大賣出」。朱委員要求教育部長毛高文當場唸出。次日《聯合報》刊出朱委員展示海報的鏡頭，並以「本日大賣出，出賣大日本？中文橫排怎麼唸？」為題，作以下報導：「臺北訊：立法委員朱鳳芝昨天在院會總質詢時，提出了一個『小問題』：中文橫寫是由右到左，還是由左到右？行政院院長郝柏村說，這確是一個問題，要不要依法或依行政命令加以規定，政府會研究。」

朱鳳芝一上臺就展示一張海報紙，上書由右至左「出賣大日本」五個字，要求教育部長毛高文唸一下，是「出賣大日本」，還是「本日大賣出」？毛高文在座位上笑而不答。後來，郝院長自己上臺回答。他說，他自己的意見，直寫時應該由右至左；橫寫則爲由左至右。

文中指爲「小問題」，然中文排列方式，近四十年來，曾驚動過總統、行政院、立法院和監察院，與寫作、出版和閱讀的人都有關係，並非「小問題」。

肆 問題分析

敍述中文排列方式的〈分歧意見〉及〈綜合觀察〉以後，試從兩個基本考慮——「中與西」、「主與輔」和三個有關因素——「看與寫」、「分與合」、及「漸與突」，對中文排列問題加以分析。

一、兩個基本考慮

中文書刊在撰稿及付排之前，須先斟酌決定該文稿的出版，採用中文圖書的版式或西（英）文圖書的版式，也就是「中與西」的考慮。中文書刊標題有中西（英）並列者，內容有列入西（英）文者；西文書刊亦有列入中文者。在此情形，應以中文為主，西文為輔？抑以中文為輔，西文為主？也就是「主與輔」的考慮。二者分別舉例加以說明。

甲、中與西的考慮

圖書可分為中書版式及西書版式二種：中書版式的書脊在右，向右翻開，目光由上而下，自第二行起左移；採用西書版式的書脊在左，向左翻開，目光由左而右，自第二

美國聖若望大學獲贈歷代東方藝術精品

St. John's University Receives Private Art Collection

Just this past March, St. John's University's Center of Asian Studies in Jamaica, New York, became the proud and happy recipient of a large bequest in the form of 595 rare Chinese and Japanese artworks dating as far back as the 7th Century and valued at over US$500,000.

The priceless donation comprises the entire lifetime collection of the late New York City attorney, Harry C. Goebel, who began accumulating his treasures while still in high school and did not stop until his death at 82 in 1976. The collection includes a tiny three-color T'ang jar dating anywhere from the 6th to the 9th Centuries; a 19th Century Ch'ing Dynasty ivory box less than three inches high and two inches in diameter, and on its small surface area, is engraved a long poem of some incredible 3,600 characters.

Before the bequest, the collection had already been exhibited at the Asian Studies' Sun Yat Sen Hall. In fact, at the time of its showing, Mr. Goebel had lectured there on "The Traditional Art of Japan" and showed a vast knowledge about art in the East. His decision to donate his private artworks to St. John's came only a short time before he passed away, and only because he felt the Hall had the appropriate facilities to house them.

The Goebel Collection will not go on public display until the Spring of next year when the Center's entire collection, plus loan objects, will be included in a major show which the University is presently in the process of planning.

唐三彩小罐

Pottery jar made of pinkish-white clay and covered on top with translucent glaze of green, amber-yellow and ivory color.

聖若望大學最近獲贈一批價值珍貴的中國及日本藝術品，引起紐約藝術界的重視，紐約每日新聞報以整頁篇幅刊載此一消息，長島新聞日報則由著名藝評家華萊克女士撰文評述，亦以整頁篇幅報導。

這批藝術品原係紐約高貝爾律師一生珍藏的遺贈，共有六百餘件，其中不乏彌足珍貴的藝品，如唐朝的三彩陶罐，體軀靈巧，雖年逾千載，三彩仍舊斑爛鮮艷，完整無損。清代名家于碩刻製的象牙盒，在二寸的象牙面上，雕刻三千六百餘字的長詩一篇，刀法圓熟，字體工正老練，不愧名家之作。

高貝爾律師逝世於一九七六年，享壽八十二歲，生前曾多次將其藏品，借予聖大中正美術館陳列，並在聖大發表專題講演「日本古代藝術」，對東方藝術有精到的認識。臨終遺囑要求將其畢生珍藏公諸於世，而聖大中正美術館乃是最理想的陳列場所。

「高貝爾收藏」自今年五月將在聖大作部分展出，明春再配合其他收藏家珍品，編印專册，舉行盛大展覽。（何平南文・江陵燕圖）

圖肆・一・甲・一：美國聖若望大學獲贈歷代東方藝術精品（原爲彩圖）

行起下移。採用西書版式的書，書名自應橫排，當無問題；中書版式的書，書（篇）名橫排，爲求與行次由右而左的排列一致，自應左行，以免造成視覺上的混亂。例如《美哉中華》是一份內容充實，印刷精美的刊物，採西書版式。該刊所載〈美國聖若望大學獲贈歷代東方藝術精品〉❶一文，中文標題左行，英文標題右行；中文敍述由上而下，英文敍述由左而右。中文部分堅守直排由上而下，橫排由右而左的原則。同一版面，中英標題及敍述的方向均不相同，讀者若兼閱中英文，自所不便。

乙、主與輔的考慮

橫排如爲中文，由右而左；如爲英文，由左而右，當無問題。倘有中英文，則視其以何者爲主，何者爲輔。如《中國郵報》是英文報紙，爲未經裝訂的西書型式，內文由左而右橫排。其報頭自應以 China Post 爲「主」，其中文譯名《中國郵報》爲「輔」，由左而右，參見圖肆・一・乙・一：英文《中國郵報》的報頭。商店的招牌，如有中英

---

❶〈美國聖若望大學獲贈歷代東方藝術精品〉，載於《美哉中華》，民國六十七年六月號。

中國郵報

China Post

圖肆·一·乙·一：英文《中國郵報》的報頭

文，如能依「主」與「輔」的看法決定橫排的書寫方向，似爲合理的辦法。

教育部的規定第二項：中文橫式書寫及排印，自左而右。除直行書寫及排印是中文基本方式，「自上而下，自右而左」沒有爭議外，但橫式書寫及排印，仍有兩種規定：一般性文字可「自左而右」；但屬於特定項目，如國號、機關名稱、國幣、郵票、匾額、石碑、牌坊、書畫題字及工商行號招牌等十項固有型式，在維護傳統中文特色下，規定仍保持「自右而左」。另外，對交通工具兩側中文橫寫又有獨特的規定，即「自頭部至後尾順序書寫」。至於同一版面，又可有橫、直兩種書寫規定，使人看後，仍然有左右不分，忽左忽右的感覺。此一「分類規定法」，有左有右，爲報刊所批評。如以外文爲「主」用國號、機關名稱等當以外文爲「主」，中文排列方向與外文相同，英文由左而右，阿拉伯文由右而左；即採「主與輔」的原則性規定，應用時易於符合實際需要。

二、三個有關因素

中文書刊中如列有圖表，因本文直行左行，而圖表有其一定的格式。圖表的排列方式與其本文統合？抑分開成爲獨立部分？爲中文排列「合與分」的因素。中文的筆順是依由上而下、由左而右次序，故宜由上而下直寫，或由左而右橫寫。如一篇文章直寫，而其標題橫寫，標題右行，以便於書寫？還是左行和行次由右而左相一致，符合目光轉移（閱讀）的統一性？「看與寫」的因素值得推敲。關於文字政策方面，有人認爲政府應強力推行，立竿見影，使其突變；也有人認爲文字屬於傳統文化範圍，宜順乎自然，也就是主張漸變。「漸與突」也就成爲中文排列上另一個值得考慮的因素。三者舉例加以說明。

甲、合與分的因素

中文書刊常列有地圖，地圖有經緯線、山脈高度等阿拉伯數字，地名等爲與數字寫法一致，排爲由左而右。圖內文字右行，圖名亦應右行，將地圖和圖名視爲統合的整體。爲便於說明，舉例如下：

《中華百科全書》爲一部合乎現代百科全書要求的工具書，採中書版式，其中地圖中文字採由上而下或由右而左，和行序左行相一致；但該地圖名稱如「瑞士位置圖」的文字是由左向右，符合教育部的規定；但顯然的地圖名稱右行和圖中文字左行，二者方向相反，在注重速讀的今日，自然造成視覺上的混亂。因此，地圖和本文一致是統合，地圖名稱亦應視爲地圖的一部分，「瑞士位置圖」應爲左行。該地圖左上有橫排的「公里60」比例尺，應爲「60公里」。但爲與圖內地名等左行一致，排爲左行。嚴格言之，該地圖與本文採統合的方式，地圖名稱應和地名等一致，改爲左行。橫排的「公里60」應排爲「60公里」。如採分開成爲獨立的部分，圖名、比例尺及地名等均排爲右行。

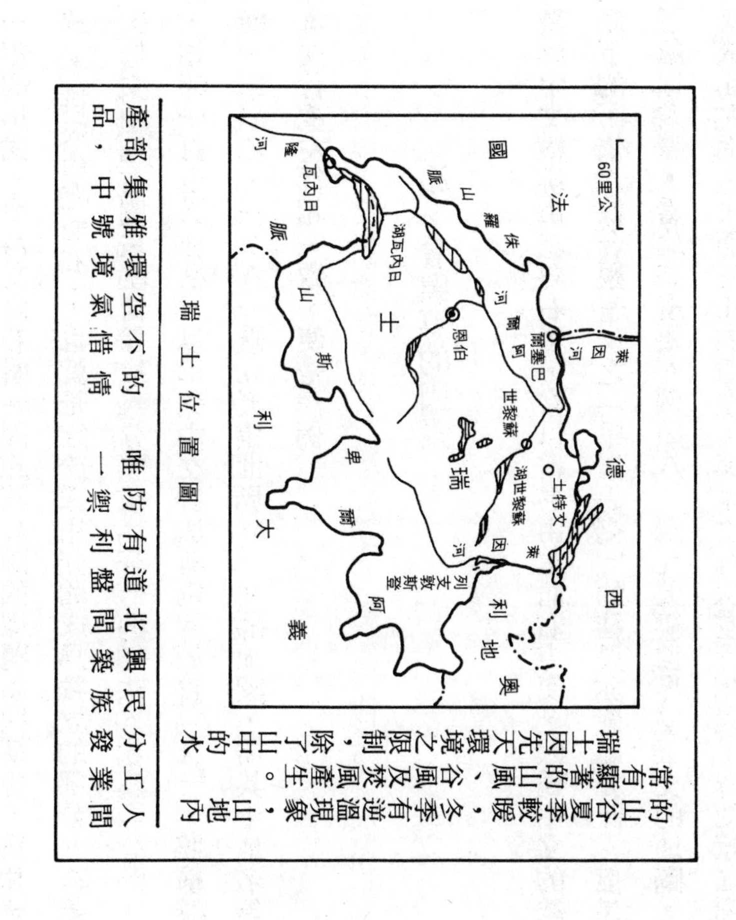

圖肆・二・甲・一：瑞士位置圖之名稱的排法

書刊採用中書版式，其中如夾有統計圖，而一般統計圖是縱座標和橫座標所構成，有其一定的形式，須由左向右看。因此統計圖的標題如採橫排，爲和統計圖內容的讀法相一致，排成由左而右：也就是宜於採用分開成爲獨立的部分。《讀者文摘》（中文版）對於文中列有圖表酌情採取「分」或「合」的辦法。如爲「分」，將橫排部分獨立成頁，如非一頁也必加框，以示與中文排法有別。如爲「合」，將橫排右行改爲左行，如圖肆・二・乙・一：＜一飛九天繞世界＞一文的地圖，將其中地名等改爲由右而左，以與本文行次左行相一致，便是一例。

乙、看與寫的因素

贊成中文橫排由左向右者，常以書寫由左而右方便，因爲中文的結構是由左而右，由上而下的，依＜綜合觀察＞之「學術研究」的結果亦確屬如此。但任何文件，一人寫是爲了給眾人看，看比寫重要。例如＜一飛九天繞世界＞一文的地圖，其地名並非如習見的排成由左而右，而是由右而左，與本文行次左行相同，俾使讀者看本文並參閱地圖

圖肆・二・乙・一：〈一飛九天繞世界〉一文的地圖（原爲彩圖）

千七百公升辛烷值為一百的汽油。

環繞世界飛行一周，並不像表面看來那樣簡單。歷史上第一個環繞地球飛行的人是威利・波斯特（Wiley Post），一九三三年，他獨自駕駛一架洛克希德維加型飛機繞地球飛了一圈，不過，他在中途曾經停過幾次。第一次不着陸的環繞地球飛行，是一九四九年由美國空軍一架B-50型飛機完成的。但它曾在飛行中加油四次，一共飛了九十四小時。

不用加油行嗎？沿赤道繞地球飛一圈的距離，約為四萬公里，但是為了避開逆風和惡劣天氣，航行者必須採取一條較長的路線。伯特計劃中的是一種加足燃料便能飛四萬五千公里的飛機。它會有極高的升力阻力系數—一公斤與大量機翼面積之比—和功率高而省油的引擎。起飛和爬高時需要同時開動兩具引擎，在進行節省燃料的巡航速度飛行時，前面的一具引擎將會關掉。

前面要裝個鴨式翼，這種小翼是伯特飛機的一個商標，以前萊特兄弟就曾使用過它。裝有鴨式翼的飛機失速時，鴨式翼會比主翼先失去升力，於是，它與機首便會向下傾斜，使飛機的速度增加，恢復升力。此外，鴨式翼也是兩個桁架的自然撐臂。

其後一連六年，我們日日夜夜都專心致志於實現這個夢想。有時，這個夢看來可能會變成噩夢，不過，我們始終覺得我們注定要進行這次飛行。

120

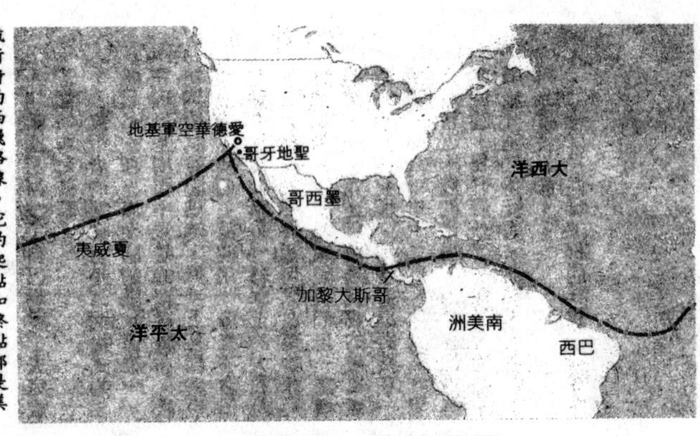

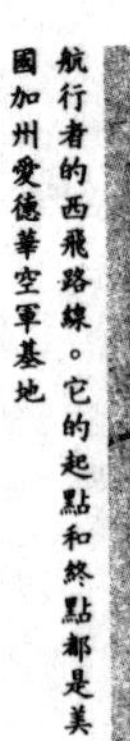
航行者的西飛路線。它的起點和終點都是美國加州愛德華空軍基地

美國方式

我從聖羅莎搬到莫哈菲，幫助伯特和狄克製造這架了不起的飛機。那是個偉大的構想，一個令人興奮的計劃，因此，我們當然不擔心找不到支持者。從最早期開始，美國航空史上的里程碑全都是由個人、公司或者政府支持的。但是我們不打算把我們的飛機變成汽水或香烟的飛行廣告板，也不願意政府插手。

我們太天真了。我們去找有錢人資助時，結果總是這樣：「我認識一個傢伙，他認識另外一個傢伙…」公司資助也同樣難以找到。每一個可能贊助者似乎都有一種預感，相信航行者會變成一個大火球，為電視提供刺激悲壯的片段—在烈焰濃烟中，可以清楚看到公司的標誌。

最後，我們決定自己製造這架飛機，資金則用美國式的辦法籌集。我們希望航行者能反映這種美國辦法的最大好處。我想出了「航行者大人物俱樂部」這個名稱，入會者每人要捐一百美元。那些會員不僅是我們經濟上的支柱，而且也成了我們的朋友，不時打電話來問我們進展如何，又帶朋友來參觀。如果沒有他們—以及所有曾經捐助較小量金錢的人—我們就不可能成功。我們之所以會把那個捐了兩塊錢的傢伙所寫的信裝上框子掛在飛機庫的牆上，就是為了這個原因。「不要笑，」他在信裏說，「我今天沒錢吃午飯了。」

狄克到處去對團體講演，這些團體從飛機汽油零售商組織到扶輪社

121

中航行所經過的地方能一目了然。如果地圖中地名寫成由左而右，試從起飛的「愛德華空軍基地」，經「夏威夷」、「關島」、「菲律賓」等地的航線看去，自易有紊亂之感。

目前的書刊略予翻閱，不難發現其中圖表標題或說明橫排者，有的左行，有的右行；甚至同一份刊物，有的左行，有的右行，頗不一致。書刊爲供人閱讀而出版，中文橫排應顧及視覺上的統一性。

丙、漸與突的因素

清末以來，我國面對列強侵略，保守與西化的思想衝突由來已久，「把中國固有文化從根救起，向西洋技術迎頭趕上」的「中體西用」看法，廣爲知識分子所接受。就中文排列方式而言，有人主張「漸」變，認爲我國歷代典籍爲數極多，都是直排左行，應維持中國文字的特色，亦符合國人閱讀的習慣。❷因此除數學、科學等夾有英文及阿拉

❷ 見雷陽著〈中文橫寫應重文化傳統〉，載於民國六十七年三月九日《中華日報》第九版。

伯數字書籍採用橫排者外，文史書刊仍採用中文傳統排法，偶夾有少數英文字，予以橫排；也有人主張「突」變，中文採用英文排法，字序由左而右，行序由上而下，甚至有人主張中文拉丁化。

文字的「突」變並非易事。國立政治大學阿拉伯文教授定中明氏談稱：阿拉伯文爲拼音文字，由右而左橫排，如方向改爲由左而右和英文相同，甚至拉丁化頗爲容易，但在阿拉伯世界中，只有土耳其在第二次世界大戰以後，爲了模倣西方，表示進步，將其文字拉丁化。後因學者顧及阿文爲維護回教世界的精神力量和後輩閱讀古籍加以反對而停止阿文書寫方式的改變。汪學文著〈毛共的中文排寫形式〉一文❸指出：「大陸將中文橫排橫寫列爲文教工作之一。最近正式提出中文橫排橫寫的爲郭沫若氏。他於一九五二年二月五日在『中國文字改革研究委員會成立會』上說：『有一點我覺得可以指出來的，就是文字如果用拼音，那麼書寫、印刷恐怕都不能直行，最好是自左而右橫行。就生理現象說，眼睛的視界橫看比直看要寬得多。』」接著又說：「蒲致祥在〈我對文字

---

❸ 見汪學文著〈毛共的中文排寫形式〉，載於民國六十四年十二月二十四日《中央日報》中「大陸透視」版。

光明日報

GUANGMING DAILY 1990年 11月19日 星期一 代号 (1—16)

农历庚午年 十月初三 第14985号 统一刊号CN 11-0026

在改革与开放双轮驱动下

全国建七百多个生态农业试点

圖肆・二・丙・一：由直排改爲橫排的大陸《光明日報》報頭

改革幾點不盡相同的看法〉一文中說：『方塊字是合乎科學原理的，據人體解剖生理學知道，人的視覺是這樣產生的：由物體上反射來的光線，集焦點在視網膜上，網膜上黃斑的感光作用，刺激了裏邊的視神經再傳達於大腦，產生視覺。黃斑是一直徑爲二公厘的斑點，在它裏邊密佈着能够感光的特殊細胞（圓柱和圓錐）。因此，只有成像於黃斑上，才能得到淸楚的物像感覺。這樣一來，就要求物像的形狀能充分的利用黃斑，……否則要於眼球作較多的移動，所以方形較長條有利於我們產生視覺。據此，可見方塊漢字，是有利於我們產生視覺，而由數個字母拼音字是不科學的。』在報紙方面：『大陸最早改爲橫排的報紙，是號稱『各民主黨派聯合機關報』的北平《光明日報》，該報自一九五五年元旦起改爲橫排。其他的報紙和期刊，自一九五六年元旦起全部陸續改爲橫排。』❹該文指出：「數年以後，守舊的似乎已有新習慣了，……《人民日報》卻『開倒車』走了『回頭路』，版面中開始有千餘字，或兩三個五百字的地位，重又排成直行，甚至間或『出現一大塊文字從右往下讀，再向左行發展』，終於向傳統妥協。不論這是編排技術問題，還是執行政策的偏差問題。」中共大力推行中文如同西文全部橫排

❹ 同上。

尚窒礙難行，如此，在民主社會中要想中文「突」變，規定圖書、報刊全部橫排，似非旦夕之間的事。

中文排列方式是一個頗爲複雜的問題，言人人殊。謹就拙見❺，試從中文排列方式之「中與西」和「主與輔」兩個基本考慮，「看與寫」、「合與分」及「漸與突」的三個有關因素，各舉一例，略作分析，說明中文排列方式成爲問題的緣由。

❺ 著者參與國立編譯館中小學社會學科教科書的編輯工作多年，對於此一問題素爲關注，經常蒐集報刊上此一方面的論述及報導，閱讀有關書籍。

伍 結語

中文爲世界上具有特質的語文，歷史悠久，典籍豐富，並爲世界上人口最眾多者所應用。本書〈前言〉中列舉中文排列方式的三個問題，其後敍述〈分歧意見〉，加以〈綜合觀察〉，再作〈問題分析〉。

第一個問題是：「中文既可直排，亦可橫排，直排方式與橫排方式何者爲優？」從「學術研究」結果，也就是從閱讀心理看來，中文橫寫（排）略優於直寫（排），橫寫付印應採用西書版式的排法。

第二個問題是：「中文如採直排方式，自第二行起宜左行，即傳統方式？抑自第二行起右行，與左行相反?」我國除考古學家及書法家為文論述有右行的古物和書法外，幾乎全部圖書都採左行方式，成為中國文字的特色，未視為重要的問題。

第三個問題是：「中文如採直排方式，自第二行起左行，其標題採橫排方式；標題宜左行與行次的方向一致?抑標題宜右行，堅守凡橫排均一律由左而右?」本問題爭論最多，涉及中英文字配合應用上許多排列方式，範圍甚廣，在〈分歧意見〉部分已敍述。

本書試以「兩個基本考慮——中與西、主與輔」為基礎，訂為「中則中，西則西」和「主為主，輔為輔」兩個原則；並參酌「三個有關因素——合與分、寫與看、漸與突」列舉參考性的要點，以期取得共識，作為中文排列方式問題的解決途徑。

一、中則中、西則西原則

英文爲蟹行文字，每字長短不一，除二、三字作商標直排外，都爲橫排。中文爲方塊字，可直排，亦可橫排。因此中文圖書有排成中書版式者，亦有排成西書版式者，由著者及出版者依圖書的性質及內容決定。中書版式的圖書就應依中書的排法，西書版式的圖書就應依西書的排法，也就是「中則中，西則西」的原則，雜誌報紙亦應如此。其參考性的要點爲：

（一）**一般書刊應採用我國的中書版式，右旁裝訂，由左向右翻開，文字由上而下，成直行排列，行次由右向左。**我國文字在讀音方面時有轉變，但其字形字意變化很少，因此「書同文」的功能，使中華民族歷經變亂，而能團結在一起。我國歷代典籍，爲寶貴的文化遺產。一般書刊，尤其是文史論著，自應仍然採用傳統的中書版式，和古籍相一致。

（二）**科學及學術性含有較多英文及統計圖表書刊，採用西書版式，左旁裝訂，由右向左翻開，文字由左向右，成橫行排列，行次由上向下。**清朝末年，歐風東漸，我國吸收西方文化，蟹行文字及統計圖表廣被引用，尤其科學書刊更爲顯著。因此，科學及學術性含有較多英文及統計圖表書刊採用西式版式，自屬必要。我國出版家如依圖書分類法研商決定何類書刊採用中書版式，何類採用西書版式，使同類書刊爲同一版式，以便於閱讀，也便於收藏。

（三）書刊封面標題，如爲橫寫，採用中書版式者，由右向左；採用西書版式者，由左向右。 書刊名稱橫排在封面上，如採用中書版式者，其內文行次是由右向左，書刊名稱亦應由右向左，以求一致。有的書刊，採用中書版式，但封面上名稱卻排成自左至右；至於採用西書版式的書刊封面上的名稱卻排成由右向左，和內文排列相反的情形也是常見的。

（四）採用中書版式，如列有統計圖，其標題之排列應與其內容相一致。 社會科學書刊含有少數統計圖表，採用中書版式，在這種情形之下，該統計圖表的標題，應和圖表的內容相一致。舉例言之，「長期教育計畫進度程序」一圖❶縱座標爲「年次」，橫座標爲「國民學校、初級中學、高級中學……」。因其有百分比，須由左向右看，標題自應排爲同一方向。有些書刊，統計圖表與其標題應視爲一個整體，統計圖表的標題

---

❶〈長期教育計畫進度程序〉，參見司琦編著《九年國民教育》第九〇頁，商務印書館，民國六十四年四月出版。

和圖表內文字的排法相反，自易構成視覺的混亂。

（五）**中文橫寫，其中數目字宜用中文。** 阿拉伯數目字要由左向右讀，反過來讀便是另一數目字。在中文由右向左橫排時，並避免用阿拉伯數目字。例如「慶祝中國造船公司百萬噸乾船塢工程竣工典禮」牌坊是橫排左行，其「一〇〇」萬噸是用阿拉伯數字，由右向左讀去，便成了「〇〇一」萬噸了❷。

近百年來，中文出版圖書採用西書版式者，在比例上較中書版式者爲多。試以抗戰以前商務印書館出版的大學用書爲例，絕大部分爲中書版式。目前三民書局出版的大學用書，其中採用西書版式者頗多，包含社會科目的用書。這與近來出版的大學用書列有較多圖表有關；也與教師寫黑板，學生寫筆記，習慣於橫寫也有關。又如國立編譯館所編國民中學的地理等科教科書，原爲中書版式，現已改爲西書版式。這顯示中文排列由直改橫逐漸改變的趨勢。

❷ 本例引自守白著〈談中文橫寫問題〉文末〈編者附記〉，載於《中國語文》第四十卷第二期第六十六頁，民國六十六年二月出版。

二、主爲主、輔爲輔原則

中文排列方式問題的發生，最重要的原因，是由於中英文字的結構不同，中文方形，英文長形；排法不同，中文直行，英文橫行；橫排適應性不同，中文可左行或右行，英文只能右行。因此一部書稿中，文中夾有英文或中英對照，對於排列方式上的看法不易相同，這在〈分歧意見〉部分已有敍述。從務實的觀點言，來稿付印應先確定是中文或英文爲主？或是中文或英文爲輔？也就是中英文要符合「主爲主、輔爲輔」原則，雜誌報紙亦應如此。其參考性的要點爲：

(一) **採用西書版式，內容爲中英對照者，中文應與西文配合，由左向右。** 近來中英文對照的書刊漸多。我國文字可以向左橫排，也可向右橫排，但英文須向右橫排，因此類書刊採用西書版式，中國文字宜採用同一方向，由左向右排列。但有些書刊不拘

QUOTABLE QUOTES

The way I see it, if you want the rainbow, you gotta put up with the rain.

— Dolly Parton

在我看來，你要彩虹，你就得容忍雨。

Part of the inhumanity of the computer is that, once it is competently programmed and working smoothly, it is completely honest.

— Isaac Asimov, *Change!*

電腦沒有人性的部分原因是程式一旦適當輸入，運行順利，它便完全誠實。

Truth is a demure lady, much too ladylike to knock you on the head and drag you to her cave. She is there, but the people must want her, and seek her out.

— William F. Buckley, Jr.

真理是淑女，矜持端莊，不會敲你的頭，把你拖到她的洞裏去。她就在那裏，只是人們必須想要她，去尋她。

It has always seemed to me that hearty laughter is a good way to jog internally without having to go outdoors.

— N. Cousins, *Anatomy of an Illness*

我一向覺得哈哈大笑是可以足不出户、而在體内慢跑的好方法。

Sometimes we deny being worthy of praise, hoping to generate an argument we would be pleased to lose.

— Cullen Hightower

有時候我們否認自己值得受人稱讚，希望藉此引起一場我們樂意認輸的爭論。

151

圖伍·一·一：〈珠璣集〉中西文對照排法

泥於中文橫排由右向左，而與英文排法一致，看來頗爲調和。（參見圖伍．一．一：〈珠璣集〉中西文對照排法❸，可作參考。）

（二）**採用中書版式之書刊，其中引用或列有英文的部分，宜橫排加框或獨立成頁**。有些書刊採用中書版式，而又引用英文，在這種情形之下，將英文部分橫排，一般書刊常採用此一辦法；有些刊物如《讀者文摘》（中文版），常將須橫排部分採用加框或獨立成頁，以示有別，不失爲審愼可行的辦法。

（三）**中書版式書刊內文中有橫標題者，應由右向左；西書版式書刊內文中有橫標題者，應由左向右**。我國文字不隨語法而變化。換句話說，一個字放在任何位置，和英文不同，字形不需要改變。但是中文傳統的寫法是直寫，各行由右向左排列；若標題採用橫排，自應依同一方向由右向左，符合便於閱讀的要求。中書版式的報紙，其橫排標題中如夾有英文，將英文部分加網線或將位置略斜，以示爲整體。（參見圖伍．一．二：「報紙橫排標題夾有英文排法舉例」❹）

---

❸ 〈珠璣集〉（中西文對照排法），取自《讀者文摘》（中文版）一九八八年四月號。

❹ 報紙橫排標題夾有英文排法舉例，取自民國八十年十月十八日《中央日報》國際版。

工研院材料所獲日OCC專利授權

國內視聽產品不再受制，電線電纜業可加速升級

新竹/國內在積極倡導建立關鍵技術自主能力之際，工研院材料所十六日正式取得日本「高溫熱鑄模式連續鑄造（OCC）技術」專利授權，並將移轉技術予台依國際、萬隆等廠商自行生產，促使國內高性能視聽產品，可在自製高品質OCC導線支援供應下，市場不再受日本箝制。

目前全球擁有此項先進技術者包括日本住友、古河等兩家大廠，而日本市場已利用OCC製程從事生產高級銅線，應用於NEC電化產品中，以及電子訊號的高速傳真導線如Audio Cable、Video Cable等，預料高性能視聽電子產品所用的高傳真導線，將可望由OCC導線所取代，另在IC Bonding Wire市場亦有相當大的發展空間，因此，材料所此次掌握這項技術專利，對國內OCC導線市場發展將有正面意義。

材料所金屬組組長蘇國璋表示，OCC特徵包括一次成形鎔鑄出棒材、線材等產品，省去其間的加工製程及經費，可獲得單結晶棒材；表面呈鏡面光澤；鑄塊有良好加工性、耐蝕性、耐疲勞性等，目前市面售價每公斤OCC銅線，可高達新臺幣十萬元，充分顯示該項製品的高性能及高單價特性，值得業者投入。

據表示，目前該所已建立OCC關鍵製程技術，此刻正式獲得日本專利授權，預料除可大步開展OCC商品化量產行動外，並可正式接受業界技術移轉申請，全力協助我國電線電纜業者展開升級腳步。

長春石油化學公司將和日本旭電化（Adeka Argus）公司技術合作，預計投資十餘億元設廠生產塑膠抗氧化劑，這是石化業界開發特用化學品的一項具體行動，相當受人矚目。

長春石化和日本旭電化的這項合作案，是繼瑞士商臺灣汽巴嘉基公司在高雄大發工業區設廠生產塑膠抗氧化劑後，臺灣第二家生產塑膠抗氧化劑的廠商，對於產官學界一再倡言發展特用化學品業，長春石化公司投下巨資生產塑膠抗氧化劑，更具深一層的積極意義。

圖伍・一・二：報紙橫排標題夾有英文排法舉例

（四）**匾額、招牌等橫寫以中文爲主者，由右向左；以西文爲主者，由左向右，中文與之配合，採同一方向。** 我國匾額上的題字，向來採由右向左的排法。在日、韓及東南亞地區的古蹟上所遺留的匾額亦屬如此。近來匾額招牌常中英文並列，如以中文爲主，仍宜採用由右向左排法。如以英文爲主，或中英文並重（如高速公路旁的指示牌），中英文都採用由左向右的排法。

（五）**電視螢幕上出現的文字如爲橫寫者，由左向右。** 教師在黑板上寫字，如爲橫寫，大多是由左向右，學生抄筆記也是由左向右，著者於民國六十三年五月起在中華電視臺講授空中大學的「普通教學法」❺時，字幕的排法爲由右向左，使學生所看與筆記所寫方向相背（學生筆記簿多爲西式裝訂），自屬不便。因此建議將排法改爲由左向右。由於電視字幕常有英文及阿拉伯數字出現，以後中視及臺視均一律採用由左向右的排法。

「中則中，西則西」和「主爲主、輔爲輔」的兩個原則及其參考性的要點，前已敍

---

❺ 教育部於民國五十七年實施九年國民教育，爲培育國民中學師資，委由中華電視臺開播教育共同科目。「普通教學法」爲共同科目之一。

圖伍・二・一：〈熊貓不是貓——改名有段歷史因素〉報導

熊貓不是貓

改名有段歷史因素

【本報東京二十三日電】在最新出版的一期北京「團結報」上，對於熊貓的學名「貓熊」有一段歷史性的回顧。

報導說，早在一八六九年，一位名叫戴維的法國學者來到四川省寶興縣考察生物資源，在一戶人家發現了一張毛色黑白相間的獸皮。經初步鑒定，認為它屬於一種珍稀的熊類，並依其毛色而稱之為「黑白熊」。兩年以後，經過動物學家們的進一步考察，認為所謂「黑白熊」屬於一種貓熊科，於是將它正式定名為「貓熊」。

到了四十年代，重慶舉辦了一次動物標本展覽。當時，展品標牌上分別用中、英文書寫著「貓熊」的學名，但由於那時中文的習慣讀法是由右至左，故而又有人把按英文書寫方式（由左至右）書寫的「貓熊」讀成了「熊貓」。

述。在中西對照或主輔同等重要的條件下，中文須採用和西文相同的排法，由左而右。因中文具有可右可左的適應性；中文當須與英文一致排爲由左而右。（圖伍・二・一：〈熊貓不是貓——改名有段歷史因素報導〉❻，說明中英並立排列方式的重要。）

綜上所述，試擬「**中文排列方式口訣**」一則：

中則中，西則西；
中西對照，採用西式。
主爲主，輔爲輔；
二者並重，由左而右。

口訣內「中則中」指「中文」排列應採「中書版式」，「西則西」指「西（英）文」排列應採「西書版式」。如中文和西文採對照的排列方式，爲顧及西文不能排爲由右而左的

---

❻ 〈熊貓不是貓——改名有段歷史因素〉報導，取自民國七十九年八月二十四日（美國）《世界日報》之「大陸新聞」版。

事實，中文自須採西書版式的排法。（參見圖肆・一・甲・一：「美國聖若望大學獲贈歷代東方藝術精品」插圖・頁一一二）。如中文和西文並列橫排，應先考慮誰爲「主」，誰爲「輔」？如以中文爲「主」，西文爲「輔」：中文由右而左，西文及阿拉伯數字因其不能排爲由右而左，任其由左而右的排法。如以西文爲「主」，中文爲「輔」：中文由左而右（參見圖肆・一・乙・一：英文《中國郵報》的報頭・頁一一三）。又如認爲中、西文同樣重要，難分「主」與「輔」：爲顧及西文不能排爲由右而左的事實，中文隨同英文採用由左而右的排法。

多年來，中文排列方式問題，廣受國家元首、民意代表、學者專家、社會人士的關注，發表談話或撰述論著。教育部因而多次公布統一中文排列方式的辦法，然未見顯著效果。本書參酌〈問題分析〉，提出中文排列方式的「原則」，然後據以試擬「口訣」，以期執簡馭繁，獲致共識；謀求目前中文排列中西夾雜、主輔不清的紊亂情形的改進；並重估中文多樣性（如字成方形，可作對聯和絕句）和適應性（如可直排或橫排，橫排可左行或右行）的特質，推動中文的現代化！

參考論著

丁德先著：〈中文書寫橫豎排行應劃一〉，文載民國六十六年十一月五日《大華晚報》副刊。

方　瑞著：〈中國文字的排列研究——對傳統排列方式要有新的認識〉，文載民國六十七年三月三十日《自立晚報》第四版。

司　琦著：〈中文排列原則芻議〉，文載《朱建民先生七十華誕論文集》，民國六十七年四月出版。

司　琦著：〈中國文字的特色、問題及展望——兼述中國統一與中國文字改革的途徑〉，文載《國文天地》第六卷第十期，民國八十年三月出版。

史紫忱著：〈唐人書法由右而左——「唐人中文直行由左而右書寫的珍罕事例」讀後〉，文載民國七十年十一月二十五日《中央日報》副刊。

史紫忱著：〈鄭板橋自左至右書法〉，文載《文藝復興》第八十六期，民國六十六年十月出版。
江東父著：〈國字排列問題〉，文載民國六十六年五月三十日《中央日報》知識界版。
杜佐周著：〈橫行排列與直行排列之研究〉，文載《教育雜誌》第十八卷第十一、二號，民國十五年十一、十二月出版。
杜佐周著：〈橫直行排列之科學的研究〉，文載《教育雜誌》第二十二卷第一號(期)，民國十九年一月出版。
何　凡著：〈對直行右行的意見〉(玻璃墊上)，文載民國六十四年九月三十日《聯合報》副刊。
艾　偉著：《漢字問題》，中華書局，民國五十四年十二月臺二版。
何懷碩著：〈中文橫排，何迷惘之有？〉，文載民國六十九年六月二十七日《聯合報》第三版。
李玉璜著：〈唐人中文直行由左而右書寫的珍罕事例〉，文載七十年十一月十一日《中央日報》副刊。
李孝定著：《漢字史話》，聯經出版社，民國七十六年三月出版。

郭有文著：〈人類爲何愛用右手?〉，文載民國八十年八月十六日《中央日報》國際版。

桓　來著：〈中文的橫寫〉，文載民國六十四年三月十五日《中央日報》副刊。

畢　璞著：〈中文橫寫問題的困擾〉，文載民國七十五年六月六日、八日《中華日報》第十一版。

陳瑞庚著：〈請正視中文橫寫問題〉，文載《中國論壇》第一卷第一期，民國六十四年十月十日出版。

魯爾建著：〈第一個提倡中文橫寫的人〉，文載民國七十九年十一月十六日《中央日報》副刊。

教育部公布：〈中文書寫及排印方式統一規定〉(法令)，民國六十九年七月二十五日社字第二三〇三九號函。

勞　榦著：〈關於中文直行書寫〉(函)，文載民國七十年十一月十二日《中央日報》副刊。

慰　慈著：〈左右逢源〉，文載民國七十一年一月四日《中央日報》副刊。

雷　陽著：〈中文橫寫應重文化傳統〉，民國六十七年三月八日《中華日報》（連載三天）。

潘柏澄著：〈談唐人之左行碑文〉，文載民國七十年十二月三日《中央日報》副刊。

藺　燮著：〈中文字橫寫方向的商榷〉，文載民國六十四年四月七日《中央日報》副刊。

蘇瑩輝著：〈爲中文自右而左、直行書寫進言〉，文載民國七十年十月十九日《中央日報》副刊。

索引

司琦　一九九一年夏，寫於洛杉磯客寓。

滄海叢刊書目

國學類

中國學術思想史論叢(一)～(八)	錢　　穆　著
現代中國學術論衡	錢　　穆　著
兩漢經學今古文平議	錢　　穆　著
宋代理學三書隨劄	錢　　穆　著
先秦諸子繫年	錢　　穆　著
朱子學提綱	錢　　穆　著
莊子纂箋	錢　　穆　著
論語新解	錢　　穆　著

哲學類

文化哲學講錄(一)～(五)	鄔昆如　著
哲學十大問題	鄔昆如　著
哲學的智慧與歷史的聰明	何秀煌　著
文化、哲學與方法	何秀煌　著
哲學與思想	王曉波　著
內心悅樂之源泉	吳經熊　著
知識、理性與生命	孫寶琛　著
語言哲學	劉福增　著
哲學演講錄	吳　　怡　著
後設倫理學之基本問題	黃慧英　著
日本近代哲學思想史	江日新　譯
比較哲學與文化(一)(二)	吳　　森　著
從西方哲學到禪佛教——哲學與宗教一集	傅偉勳　著
批判的繼承與創造的發展——哲學與宗教二集	傅偉勳　著
「文化中國」與中國文化——哲學與宗教三集	傅偉勳　著
從創造的詮釋學到大乘佛學——哲學與宗教四集	傅偉勳　著
中國哲學與懷德海	東海大學哲學研究所主編
人生十論	錢　　穆　著
湖上閒思錄	錢　　穆　著
晚學盲言(上)(下)	錢　　穆　著
愛的哲學	蘇昌美　著
是與非	張身華　譯
邁向未來的哲學思考	項退結　著

書名	作者
現代藝術哲學	孫 旗 譯
現代美學及其他	趙天儀 著
中國現代化的哲學省思	成中英 著
不以規矩不能成方圓	劉君燦 著
恕道與大同	張起鈞 著
現代存在思想家	項退結 著
中國思想通俗講話	錢 穆 著
中國哲學史話	吳怡、張起鈞 著
中國百位哲學家	黎建球 著
中國人的路	項退結 著
中國哲學之路	項退結 著
中國人性論	臺大哲學系主編
中國管理哲學	曾仕強 著
孔子學說探微	林義正 著
心學的現代詮釋	姜允明 著
中庸誠的哲學	吳 怡 著
中庸形上思想	高柏園 著
儒學的常與變	蔡仁厚 著
智慧的老子	張起鈞 著
老子的哲學	王邦雄 著
逍遙的莊子	吳 怡 著
莊子新注（內篇）	陳冠學 著
莊子的生命哲學	葉海煙 著
墨家的哲學方法	鐘友聯 著
韓非子析論	謝雲飛 著
韓非子的哲學	王邦雄 著
法家哲學	姚蒸民 著
中國法家哲學	王讚源 著
二程學管見	張永儁 著
王陽明——中國十六世紀的唯心主義哲學家	張君勱原著、江日新中譯
王船山人性史哲學之研究	林安梧 著
西洋百位哲學家	鄔昆如 著
西洋哲學十二講	鄔昆如 著
希臘哲學趣談	鄔昆如 著
近代哲學趣談	鄔昆如 著
現代哲學述評(一)	傅佩榮編譯

當代西方哲學與方法論	臺大哲學系主編
人性尊嚴的存在背景	項退結編著
理解的命運	殷鼎著
馬克斯・謝勒三論	阿弗德・休慈原著、江日新譯
懷海德哲學	楊士毅著
洛克悟性哲學	蔡信安著
伽利略・波柏・科學說明	林正弘著

宗教類

天人之際	李杏邨著
佛學研究	周中一著
佛學思想新論	楊惠南著
現代佛學原理	鄭金德著
絕對與圓融——佛教思想論集	霍韜晦著
佛學研究指南	關世謙譯
當代學人談佛教	楊惠南編著
從傳統到現代——佛教倫理與現代社會	傅偉勳主編
簡明佛學概論	于凌波著
圓滿生命的實現（布施波羅密）	陳柏達著
薝蔔林・外集	陳慧劍著
維摩詰經今譯	陳慧劍譯註
龍樹與中觀哲學	楊惠南著
公案禪語	吳怡著
禪學講話	芝峯法師譯
禪骨詩心集	巴壺天著
中國禪宗史	關世謙著
魏晉南北朝時期的道教	湯一介著

社會科學類

憲法論叢	鄭彥棻著
憲法論衡	荊知仁著
國家論	薩孟武譯
中國歷代政治得失	錢穆著
先秦政治思想史	梁啟超原著、賈馥茗標點
當代中國與民主	周陽山著
釣魚政治學	鄭赤琰著
政治與文化	吳俊才著
中國現代軍事史	劉馥著、梅寅生譯
世界局勢與中國文化	錢穆著

中華文化十二講	錢　　穆　著
民族與文化	錢　　穆　著
楚文化研究	文崇一　著
中國古文化	文崇一　著
社會、文化和知識分子	葉啟政　著
儒學傳統與文化創新	黃俊傑　著
歷史轉捩點上的反思	韋政通　著
中國人的價值觀	文崇一　著
紅樓夢與中國舊家庭	薩孟武　著
社會學與中國研究	蔡文輝　著
比較社會學	蔡文輝　著
我國社會的變遷與發展	朱岑樓主編
三十年來我國人文社會科學之回顧與展望	賴澤涵　編
社會學的滋味	蕭新煌　著
臺灣的社區權力結構	文崇一　著
臺灣居民的休閒生活	文崇一　著
臺灣的工業化與社會變遷	文崇一　著
臺灣社會的變遷與秩序(政治篇)(社會文化篇)	文崇一　著
臺灣的社會發展	席汝楫　著
透視大陸	政治大學新聞研究所主編
海峽兩岸社會之比較	蔡文輝　著
印度文化十八篇	糜文開　著
美國的公民教育	陳光輝　譯
美國社會與美國華僑	蔡文輝　著
文化與教育	錢　　穆　著
開放社會的教育	葉學志　著
經營力的時代	青野豐作著、白龍芽　譯
大眾傳播的挑戰	石永貴　著
傳播研究補白	彭家發　著
「時代」的經驗	汪琪、彭家發　著
書法心理學	高尚仁　著

史地類

古史地理論叢	錢　　穆　著
歷史與文化論叢	錢　　穆　著
中國史學發微	錢　　穆　著
中國歷史研究法	錢　　穆　著
中國歷史精神	錢　　穆　著

國史新論　錢穆 著
秦漢史　錢穆 著
秦漢史論稿　邢義田 著
與西方史家論中國史學　杜維運 著
中西古代史學比較　杜維運 著
中國人的故事　夏雨人 著
明朝酒文化　王春瑜 著
共產國際與中國革命　郭恒鈺 著
抗日戰史論集　劉鳳翰 著
盧溝橋事變　李雲漢 著
老臺灣　陳冠學 著
臺灣史與臺灣人　王曉波 著
變調的馬賽曲　蔡百銓 譯
黃帝　錢穆 著
孔子傳　錢穆 著
唐玄奘三藏傳史彙編　釋光中 編
一顆永不殞落的巨星　釋光中 著
當代佛門人物　陳慧劍 編著
弘一大師傳　陳慧劍 著
杜魚庵學佛荒史　陳慧劍 著
蘇曼殊大師新傳　劉心皇 著
近代中國人物漫譚・續集　王覺源 著
魯迅這個人　劉心皇 著
三十年代作家論・續集　姜穆 著
沈從文傳　凌宇 著
當代臺灣作家論　何欣 著
師友風義　鄭彥棻 著
見賢集　鄭彥棻 著
懷聖集　鄭彥棻 著
我是依然苦鬥人　毛振翔 著
八十憶雙親、師友雜憶（合刊）　錢穆 著
新亞遺鐸　錢穆 著
困勉強狷八十年　陶百川 著
我的創造・倡建與服務　陳立夫 著
我生之旅　方治 著

語文類

中國文字學　潘重規 著

書名	作者
中國聲韻學	潘重規、陳紹棠　著
訓詁通論	吳孟復　著
翻譯新語	黃文範　著
詩經研讀指導	裴普賢　著
陶淵明評論	李辰冬　著
鍾嶸詩歌美學	羅立乾　著
杜甫作品繫年	李辰冬　著
杜詩品評	楊慧傑　著
詩中的李白	楊慧傑　著
司空圖新論	王潤華　著
詩情與幽境——唐代文人的園林生活	侯迺慧　著
唐宋詩詞選——詩選之部	巴壺天　編
唐宋詩詞選——詞選之部	巴壺天　編
四說論叢	羅盤　著
紅樓夢與中華文化	周汝昌　著
中國文學論叢	錢穆　著
品詩吟詩	邱燮友　著
談詩錄	方祖燊　著
情趣詩話	楊光治　著
歌鼓湘靈——楚詩詞藝術欣賞	李元洛　著
中國文學鑑賞舉隅	黃慶萱、許家鶯　著
中國文學縱橫論	黃維樑　著
蘇忍尼辛選集	劉安雲　譯
1984	GEORGE ORWELL原著、劉紹銘　譯
文學原理	趙滋蕃　著
文學欣賞的靈魂	劉述先　著
小說創作論	羅盤　著
借鏡與類比	何冠驥　著
鏡花水月	陳國球　著
文學因緣	鄭樹森　著
中西文學關係研究	王潤華　著
從比較神話到文學	古添洪、陳慧樺主編
神話卽文學	陳炳良等譯
現代散文新風貌	楊昌年　著
現代散文欣賞	鄭明娳　著
世界短篇文學名著欣賞	蕭傳文　著
細讀現代小說	張素貞　著

現代詩學	蕭　　蕭　著
詩美學	李元洛　著
詩學析論	張春榮　著
橫看成嶺側成峯	文曉村　著
大陸文藝論衡	周玉山　著
大陸當代文學掃瞄	葉穉英　著
走出傷痕——大陸新時期小說探論	張子樟　著
兒童文學	葉詠琍　著
兒童成長與文學	葉詠琍　著
增訂江臯集	吳俊升　著
野草詞總集	韋瀚章　著
李韶歌詞集	李　　韶　著
石頭的研究	戴　　天　著
留不住的航渡	葉維廉　著
三十年詩	葉維廉　著
讀書與生活	琦　　君　著
城市筆記	也　　斯　著
歐羅巴的蘆笛	葉維廉　著
一個中國的海	葉維廉　著
尋索：藝術與人生	葉維廉　著
山外有山	李英豪　著
葫蘆・再見	鄭明娳　著
一縷新綠	柴　　扉　著
吳煦斌小說集	吳煦斌　著
日本歷史之旅	李希聖　著
鼓瑟集	幼　　柏　著
耕心散文集	耕　　心　著
女兵自傳	謝冰瑩　著
抗戰日記	謝冰瑩　著
給青年朋友的信(上)(下)	謝冰瑩　著
冰瑩書柬	謝冰瑩　著
我在日本	謝冰瑩　著
人生小語(一)～(四)	何秀煌　著
記憶裏有一個小窗	何秀煌　著
文學之旅	蕭傳文　著
文學邊緣	周玉山　著
種子落地	葉海煙　著

向未來交卷	葉海煙 著
不拿耳朵當眼睛	王讚源 著
古厝懷思	張文貫 著
關心茶——中國哲學的心	吳怡 著
放眼天下	陳新雄 著
生活健康	卜鍾元 著
美術類	
樂圃長春	黃友棣 著
樂苑春回	黃友棣 著
樂風泱泱	黃友棣 著
談音論樂	林聲翕 著
戲劇編寫法	方寸 著
戲劇藝術之發展及其原理	趙如琳譯著
與當代藝術家的對話	葉維廉 著
藝術的興味	吳道文 著
根源之美	莊申 著
中國扇史	莊申 著
立體造型基本設計	張長傑 著
工藝材料	李鈞棫 著
裝飾工藝	張長傑 著
人體工學與安全	劉其偉 著
現代工藝概論	張長傑 著
色彩基礎	何耀宗 著
都市計畫概論	王紀鯤 著
建築基本畫	陳榮美、楊麗黛 著
建築鋼屋架結構設計	王萬雄 著
室內環境設計	李琬琬 著
雕塑技法	何恆雄 著
生命的倒影	侯淑姿 著
文物之美——與專業攝影技術	林傑人 著